W0171648

Gesprächsführung

Anja von Kanitz
Prof. Dr. Wolfgang Mentzel

Inhalt

Teil 1: Gesprächstechniken

Teil 2: Mitarbeitergespräche

Teil 1: Gesprächstechniken

Vorwort

Sie sind fachlich gut ausgebildet und wissen in Ihrem Sachgebiet, worauf es ankommt? Sie müssen beruflich viele Gespräche führen – mit Kollegen, Kunden, Mitarbeitern – merken jedoch, dass Ihr Fachwissen allein in vielen Gesprächen nicht weiterhilft? Es ist in der Tat oft so, dass das Kommunikations-Knowhow, das man sich im Laufe seines Lebens – größtenteils unbewusst – angeeignet hat, in der beruflichen Praxis nicht ausreicht.

Zu vielfältig sind die Menschen und Situationen, mit denen man zu tun hat. Ohne solides gesprächstechnisches Rüstzeug ist es da schwierig, Gespräche sachlich und menschlich zufrieden stellend zu gestalten.

Dieser TaschenGuide möchte Sie mit grundlegenden Werkzeugen der Gesprächsführung vertraut machen. Sie erfahren, wie Sie Gespräche zielorientiert vorbereiten und analysieren. Sie lernen Techniken kennen, die Ihnen helfen, Gespräche aktiv und konstruktiv zu gestalten. Sie wissen nach der Lektüre mehr über die Wirkung Ihrer körpersprachlichen Mittel, den Umgang mit ausgewählten schwierigen Situationen und über die Kommunikation von Männern und Frauen. Apropos Frauen. Auch wenn in diesem TaschenGuide der Einfachheit halber oft männliche Formen verwendet wurden, so sind doch ausdrücklich immer Frauen und Männer angesprochen.

Viel Erfolg beim Gestalten Ihrer Gespräche wünscht Ihnen

Anja von Kanitz

Gespräche analysieren und vorbereiten

Zu einem erfolgreichen Gespräch tragen viele Faktoren bei.

In diesem Kapitel erfahren Sie,

- wie Sie Ihre eigene Rolle erkennen,
- wie Sie Ihre Beziehung zum Gesprächspartner einschätzen,
- welchen Einfluss Ort und Zeit haben und
- wie Ihre Ziele den Gesprächsverlauf beeinflussen.

Wovon das Gespräch beeinflusst wird

Mit Gesprächen ist es wie beim Tennis: Sie bestimmen nicht allein, was dabei herauskommt. Wie bei einem Spiel gehen Sie mit jedem Gespräch in einen offenen Prozess, bei dem sich nicht zuverlässig vorhersagen lässt, was passiert. Diese Ungewissheit und die Möglichkeit, durch das eigene Verhalten entscheidenden Einfluss auf das Geschehen zu nehmen, machen den Sport so attraktiv und Gespräche immer wieder neu zu einer Herausforderung.

Das ist Ihr Handlungsspielraum

Der Verlauf eines Gesprächs hängt von vielen Faktoren ab, natürlich auch von Ihrem Gesprächspartner, auf den Sie nur bedingt Einfluss haben. Selbst mit der größten Mühe und der besten Technik können Sie ein bestimmtes Ergebnis nicht erzwingen. Beeinflussen können Sie aber – und das ist wieder wie beim Tennis – Ihr Verhalten, Ihre Vorbereitung auf die Situation, die Vertrautheit mit den Gegebenheiten, Ihre Handlungsmöglichkeiten und das Bewusstsein, wann Sie etwas tun und wann Sie etwas besser lassen.

> Weil die Bedingungen für jedes Gespräch anders sind, nutzen einfache Rezepte für die Gesprächsführung nichts. Sie müssen folglich lernen, Situationen zu analysieren und Gesprächstechniken flexibel einzusetzen.

Die Gesprächswirklichkeit in der beruflichen Praxis ist sehr komplex. Es geht darum, unter den vielen Handlungsmöglichkeiten in jeder Situation die auszuwählen, die für den Verlauf des Gesprächs günstig ist. Gerade bei schwierigen Gesprächen ist es sinnvoll, nicht alleine „aus dem Bauch heraus" zu agieren, sondern Gefühl und Verstand gleichermaßen zu nutzen. Der Sprechwissenschaftler Hellmut Geißner hilft mit seinem Situationsanalyse-Modell, die Einflussfaktoren in einem Gespräch klar zu erkennen und zu gestalten.

Was beeinflusst das Gespräch?

- Ihr Gesprächspartner und sein Verhalten. Aber auch Ihre Beziehung zueinander.

- Thema, über das Sie sich austauschen. Manche Themen sind so „heiß", dass von vornherein klar ist, dass das Gespräch schwierig werden wird. Gerade dann ist eine gute Vorbereitung angesagt!

- Ort und Zeitpunkt des Gesprächs sind wichtige Faktoren. Manchmal muss ein gutes Restaurant oder der Golfplatz herhalten, um neue Entwicklungen anzustoßen.

- sind auch Ihre eigenen Motive und Ziele wie auch die des anderen, die häufig nicht identisch sind.

Egal, um welche Gesprächssituation es sich handelt, eine gründliche Vorbereitung ist aufgrund der vielfältigen Einflussfaktoren hilfreich. Auf den nächsten Seiten zeigen wir Ihnen, wie Sie dabei vorgehen.

Die eigene Rolle kennen

Damit Sie in einem Gespräch handlungsfähig sind, müssen Sie wissen, welche Rolle Sie jeweils einnehmen. Sie sprechen nie allein als Person, sondern immer als Person in einer bestimmten sozialen Rolle.

Beispiel: Eine Person – verschiedene Rollen

> Dr. Karin Falter, Leiterin einer Abteilung für Forschung & Entwicklung, spricht je nach Situation in verschiedenen Rollen zu ihren Gesprächspartnern. So ist sie gegenüber ihren Mitarbeitern die Vorgesetzte, die motiviert, kritisiert, fordert, delegiert oder berät. Die Rolle der Fachexpertin füllt sie aus, wenn sie sich auf gleicher Ebene mit anderen Experten austauscht. Bei der Geschäftsführung ist sie die Angestellte, die Rechenschaft ablegen und Weisungen entgegennehmen muss. Bei Fachveranstaltungen repräsentiert sie ihr Unternehmen. Privat spricht sie als Mutter zu ihrem Kind, als Partnerin zu ihrem Mann, als Nachbarin, Kundin, Freundin, Patientin etc. In jeder Rolle hat sie andere Möglichkeiten der Gesprächsgestaltung und sie verhält sich auch anders. Sie spricht also nie nur als Karin Falter, sondern immer als Karin Falter in der Rolle als ...

Symmetrische und asymmetrische Gespräche

In jeder Rolle haben Sie einen anderen Handlungsspielraum, um gestaltend auf das Gespräch einzuwirken. Grob unterscheidet man zwischen symmetrischen und asymmetrischen Gesprächen. Bei symmetrischen Gesprächen haben beide Gesprächspartner das gleiche Recht, in das Gespräch einzugreifen, zu fragen und Themen zu bestimmen. Bei asymmetrischen Gesprächen gibt es bereits vorab eine Rollenverteilung, was die Gestaltung des Gesprächs angeht.

Die Hierarchie beeinflusst die Rolle

Bei einem Vorstellungsgespräch ist es beispielsweise üblich, dass die Arbeitgeberseite den Rahmen bestimmt, Fragen und Themen festlegt und die Steuerung des Gesprächs übernimmt. Der Bewerber kann natürlich auch fragen und eingreifen, doch ist sein Spielraum begrenzt. Hält er sich nicht an diese ungeschriebene Regel, ist es eher unwahrscheinlich, dass er den Job bekommt.

Feste Rollenverteilungen gibt es auch bei Interviews, bei Gericht und tendenziell in allen Beziehungen, die durch Hierarchien geprägt sind. Wenn also im Beispiel Frau Falter mit einem ihrer Mitarbeiter redet, wird mit großer Wahrscheinlichkeit *sie* den Rahmen des Gesprächs festlegen und den Verlauf steuern. Im Gespräch mit ihrem Vorgesetzten wird eher dieser den steuernden Part übernehmen.

Erkennen und nutzen Sie Ihre Möglichkeiten

Mit bestimmten Rollen sind bestimmte Erwartungen an das Gesprächsverhalten verbunden. Doch in jeder Rolle lassen sich Gespräche aktiv gestalten und mit entsprechender Technik gezielt beeinflussen. Der Gestaltungsspielraum ist jedoch je nach Position unterschiedlich groß.

- Machen Sie sich – gerade vor schwierigen Gesprächen – Ihre Rolle, Ihre Position und die Erwartungen Ihres Gesprächspartners an diese Rolle bewusst.

- Versuchen Sie, den Freiraum und die Grenzen Ihrer Rolle möglichst realistisch einzuschätzen: Wie viel Einfluss können oder müssen Sie auf das Gespräch nehmen, um seinen Erfolg zu sichern?

Rollenklarheit ermöglicht Ihnen den gezielten Einsatz von Gesprächstechniken. Sie können mit größerer Gelassenheit und Sicherheit auftreten und Ihr Ziel besser im Auge behalten.

Die Beziehung zum Gesprächspartner einschätzen

Wenn Sie eine Person überzeugen möchten, dann müssen Sie sich auf sie einlassen: Was ist das für eine Person? Welchen Horizont und welche Erfahrungen hat sie? Was ist ihr wichtig? Welche Sprache nutzt und versteht sie? Und natürlich auch: Welche Empfindlichkeiten und „Macken" hat sie? Bei Gesprächen mit Fremden haben die ersten Minuten des Small Talk diese Funktion: Man kommt sich bei harmlosen Themen näher, beobachtet, wie der andere reagiert und bekommt ein Gefühl für ihn. Bei bekannten Personen gehört dieser Check bereits in die Gesprächsvorbereitung.

Machen Sie sich Ihre Gefühle klar

Auch Ihre Gefühle der jeweiligen Person gegenüber sind bei der Gesprächsplanung wichtig. Machen Sie sich klar, was Sie empfinden, wenn Sie an das Gespräch denken. Sind Sie schon im Vorfeld genervt? Haben Sie Angst? Haben Sie keine gute

Meinung von Ihrem Gesprächspartner? Wenn ja, ist es gut möglich, dass Ihr untergründiges Gefühl Ihr Verhalten im Gespräch bestimmt. Dadurch entgleitet Ihnen die Fähigkeit, das Gespräch aktiv und bewusst zu gestalten. Gestehen Sie sich Ihre Gefühle also ein. Dann sind Sie ihnen nicht mehr so stark ausgeliefert, sondern können bewusst entscheiden, wie Sie sich verhalten wollen.

> Es gehört zur professionellen Gesprächsführung, eigene Empfindungen und Gefühle wahrzunehmen und ihnen so nicht völlig ausgeliefert zu sein.

Beispiel: Nervige Gesprächspartner

Michael Bohr, Projektmanager, hat einen Gesprächstermin mit Herrn Pfeil, einem Mitarbeiter der Versuchsabteilung. Wenn er an Herrn Pfeil nur denkt, verdreht er innerlich die Augen. Der Mann geht ihm auf die Nerven, er redet seiner Meinung nach ständig, macht sich wichtig und gibt vor, immer wahnsinnig viel zu tun zu haben. Herr Bohr steht unter Druck, weil ein Produkt geändert wurde und jetzt in kürzester Zeit in der Versuchsabteilung noch einmal getestet werden muss. Er muss in dem bevorstehenden Gespräch Herrn Pfeil dazu bewegen, diese Tests vorzuziehen. Er weiß aber, dass dieser ein riesiges Lamento anstimmen wird, dass das nicht geht.

Geht Herr Bohr mit diesem negativen Gefühl in die Unterredung, wird er wahrscheinlich keine tragfähige Beziehung zu Herrn Pfeil aufbauen können und ihn mit seinem Anliegen nicht erreichen. Herr Pfeil wird spüren, dass Herr Bohr ihn ablehnt und ihm nicht entgegen kommen. Warum auch?

So bauen Sie eine Beziehung zum Gesprächspartner auf

Wichtig ist, dass sich Herr Bohr eingesteht: „Der Mann nervt mich." Gleichzeitig muss er die Lage richtig einschätzen: „Ich bin auf seine Kooperation angewiesen. Wenn er es ablehnt, die Tests zu machen, kann ich den Termin nicht halten. Ich kann ihn nicht ändern, ich muss ihn so nehmen, wie er ist. Ich muss ihn dazu bringen, mir entgegenzukommen." Aber wie?

- Den Gesprächsanfang zum Beziehungsaufbau nutzen:
  - Herr Bohr sollte nicht gleich mit der Tür ins Haus fallen, sondern die Zeit einplanen, sich mit ihm zu unterhalten, sich auf ihn, seine Eigenart und seinen Stil der Gesprächsführung einzulassen.
  - Wenn Herr Bohr die Small-Talk-Phase von vornherein einplant, wird er nicht so genervt sein, wenn Herr Pfeil nach seinem Empfinden „labert".
  - Herr Pfeil macht sich gerne wichtig und heischt nach Anerkennung. Warum sollte Herr Bohr ihm also nicht entgegenkommen und seine Anerkennung für erbrachte Leistung ausdrücken? Dabei sollte er aber nicht heucheln, sonst wirkt er unglaubwürdig.

- Das Gespräch auf der soliden Basis aufbauen:

  Wenn durch sein entgegenkommenderes, akzeptierendes Verhalten eine Beziehung aufgebaut ist, kann Herr Bohr sein Problem ansprechen.

Wichtig für die Gesprächsvorbereitung ist auch die Überlegung, welche Argumente Herrn Pfeil dazu bewegen könnten, die Tests vorzuziehen (siehe Abschnitt „Mit Argumenten überzeugen"). Aussicht auf Erfolg hat er damit nur dann, wenn er eine ausreichende Beziehungsbasis geschaffen hat.

Grundsätzlich ist es immer ein Zeichen von Professionalität, wenn Sie nicht nur mit Ihnen sympathischen Menschen akzeptable Gesprächsergebnisse erzielen, sondern auch mit Menschen, die für Sie im Umgang eher schwierig sind.

Sprechen Sie Gefühle offen an

In manchen Gesprächssituationen kann es auch sinnvoll sein, das eigene Gefühl direkt anzusprechen.

Beispiel: Ungute Atmosphäre thematisieren

Karin Falter hat bemerkt, dass der Leiter ihres Labors, Hartmut Benn, ihr gegenüber in der letzten Zeit reserviert ist und den Kontakt meidet. Sie weiß nicht, ob er ihr vielleicht ihren heftigeren Diskussionsstil in einem Gespräch kürzlich verübelt oder ob sein Verhalten gar nichts mit ihr zu tun hat. Diese seltsame Atmosphäre ist ihr unangenehm. Sie entschließt sich, in die Offensive zu gehen. Sie verabredet sich mit ihm zum Mittagessen und spricht nach einer Zeit des Small Talks ihr Gefühl an. „Hartmut, ich habe den Eindruck, dass du mir aus dem Weg gehst, überhaupt viel zurückhaltender und kürzer angebunden bist als sonst. Ich frage mich, ob ich dich mit irgendetwas verärgert habe. Oder was ist los?"

Auch wenn Karin Falter die Vorgesetzte von Hartmut Benn ist, spricht sie ihn auf einer kollegialen, gleichberechtigten Ebene an. Sie macht deutlich, dass ihr die gute Beziehung zu ihm wichtig ist und gibt ihm die Möglichkeit, eventuelle Unstimmigkeiten zu klären.

Die Beziehung prägt den Gesprächsverlauf

Auch wenn dies in unserer scheinbar sachorientierten Berufswelt oft unterschätzt wird, so gilt doch nach wie vor:

> Die Beziehung zwischen den Gesprächspartnern ist die Basis, auf der sachliche Probleme gelöst werden. Ist diese Basis gestört, wird es schwierig, ein für beide Seiten befriedigendes Ergebnis im Gespräch zu erzielen.

Für die Gesprächsvorbereitung sind deshalb folgende Fragen wesentlich:

- Mit wem habe ich es hier zu tun?
- Wie steht er zu mir und wie stehe ich zu ihm?
- Welche Auswirkungen hat das auf die Sache?

Die Antworten auf diese Fragen helfen Ihnen, sich auf eventuelle Probleme vorzubereiten und ihnen durch gezielte Maßnahmen entgegenzuwirken.

Der Einfluss von Ort und Zeit

Erinnern Sie sich noch daran, wann Sie Ihren Chef oder Ihre Chefin, Ihren Freund oder Ihre Vermieterin das erste Mal getroffen haben? Wo Sie gesessen oder gestanden haben?

Sprachen Sie ungestört? Waren andere dabei oder nicht? Wissen Sie vielleicht sogar noch, welche Kleidung er oder sie trug? Die meisten Menschen speichern den Sachinhalt eines Gesprächs nicht separat ab, sondern zusammen mit den Informationen zur umgebenden Situation, also Ort und Zeit. Es ist sogar so, dass man sich an Ereignisse, die mit starken sinnlichen oder emotionalen Eindrücken verbunden sind, besser erinnern kann. Auch wenn unsere Aufgabe im beruflichen Feld vorwiegend sachorientiert ist, so haben wir doch unsere Sinne und Emotionen immer „eingeschaltet".

So fördern oder hemmen Raum und Zeit

Räumliche und zeitliche Faktoren können während eines Gesprächs z. B. einschüchtern, stören, Intimität erzeugen, Wertschätzung signalisieren oder die Arbeitsfähigkeit erhöhen – je nachdem, in welchem Rahmen und zu welcher Zeit das Gespräch stattfindet.

Beispiel: Ungünstige Rahmengestaltung

Der Laborleiter Herr Benn bestellt einen seiner Laboranten, Herrn Meier, in sein Büro. Herr Benn sitzt an seinem großen und repräsentativen Schreibtisch in einem hohen, ausladenden Büroledersessel. Die Fotos seiner Familie stehen auf dem Schreibtisch, sein PC und alles, was er täglich braucht und schätzt, ist in greifbarer Nähe. Herr Meier sitzt in einiger Distanz zu ihm auf der anderen Seite des Schreibtischs auf einem Besucherstuhl. Herr Benn hat viel um die Ohren und überfliegt, während er mit Herrn Meier redet, gleichzeitig noch mit halbem Blick seine Papiere und nimmt zwischenzeitlich auch ein Telefonat an.

Wann eine Umgebung ungeeignet ist

Diese Konstellation macht von Herrn Benns Seite aus ziemlich deutlich: „Ich bin hier der Chef, das ist mein Terrain, hier kann ich über alles verfügen". Die Hierarchieunterschiede werden durch die räumliche Anordnung der Gesprächspartner sinnlich verstärkt. Geht es nur um eine kurze, formale Klärung eines Sachverhalts oder Termins, mag diese Umgebung keinen wesentlichen Einfluss auf den Verlauf des Gesprächs haben. Wenn Herr Benn jedoch mit seinem Mitarbeiter über problematische Fragen sprechen möchte, sein Know-how nutzen oder mit ihm gemeinsam eine Lösung erarbeiten möchte, ist dieser Rahmen ungeeignet. Selbst wenn Herr Benn ihn ermuntern würde, sich gleichberechtigt einzubringen, würde Herr Meier dies mit großer Wahrscheinlichkeit nicht wirklich tun können. Diese Umgebung verfestigt die Ungleichheit der Gesprächspartner und unterstützt autoritäre Strukturen.

Die passende Umgebung aussuchen

Die Wahl des Raumes und der Sitzordnung sollten Sie deshalb abhängig von Ihrem Gesprächsziel machen. Wollen Sie zusammen ein Projekt durchsprechen und sich fachlich austauschen, ist ein Tisch mit zwei über Eck stehenden (gleichen) Stühlen sinnvoll. So können Sie auch zusammen in Unterlagen schauen und schreiben. Geht es um ein grundsätzliches Gespräch, ist ein komfortables, schönes Umfeld hilfreich: bequeme Sessel, Getränke, Ruhe, eventuell das Ausweichen in eine ganz andere Umgebung. Beide Gesprächspartner sollten auf gleicher Höhe sitzen, sich anschauen können und über die gleichen Dinge verfügen.

Zeitpunkt und Dauer richtig wählen

Wenn Ihnen an einem konstruktiven Gespräch gelegen ist, sollten Sie den Termin mit Ihrem Gesprächspartner gemeinsam vereinbaren. Auch wenn Sie in der Chefposition sind, sollten Sie Mitarbeiter nicht einfach zu einem bestimmten Zeitpunkt wie eine Ware „bestellen". Eine einfache Form der Wertschätzung ist es, wenn Sie Mitarbeiter fragen, ob der Zeitpunkt passend ist. Ein Gespräch ist inhaltlich immer gefährdet, wenn eine Person zeitlich unter Druck steht oder aus anderen Gründen den Kopf für die Sache nicht frei hat. Geben Sie deshalb Ihrem Gesprächspartner schon bei der Terminvereinbarung eine Orientierung, wie viel Zeit Sie für das Gespräch einplanen. Steht er unter Druck, ist ein Alternativtermin meist die bessere Lösung.

Bedenken Sie: Nebenbeschäftigungen, z.B. Lesen oder sogar Telefonieren wie in unserem Beispiel, sind Signale, die berechtigterweise viele Menschen als Mangel an Wertschätzung interpretieren: „So wichtig, dass ich mich voll auf Sie und unser Thema konzentriere, sind Sie mir nicht." Es ist langfristig gesehen für Sie auch zeitlich ökonomischer, sich im Gespräch voll und ganz auf das Gegenüber und die Sache zu konzentrieren.

Motive klären und Ziele anvisieren

Warum wollen Sie das Gespräch führen? Werden Sie sich darüber klar, welche sachlichen Anliegen und Gefühle Sie antreiben. Aus Ihren Motiven heraus können Sie dann Ihr Ziel klären. Was wollen Sie in diesem Gespräch erreichen? Was soll es bezwecken? Die Antwort auf diese Frage ist einer der wichtigsten Punkte in der Vorbereitung und bei der Steuerung des Gesprächsverlaufs. Das „Wozu" ist Ihr Kompass im Gespräch, der Sie davon abhält, den Faden zu verlieren oder sich von anderen ins Abseits führen zu lassen.

Definieren Sie Ihre Gesprächsziele

1   Machen Sie sich Ihre Ziele bewusst. Manche Ziele sind je nach Gesprächsart schon grob vorgegeben. Bei einem Kritikgespräch z. B. wollen Sie eine Verhaltens- oder Zustandsänderung erzielen, bei einem Verhandlungsgespräch ein gutes Ergebnis. Vage Richtungen wie „Ich muss mal mit ihm darüber reden" oder „So kann es nicht weitergehen" reichen für ein zielführendes Gespräch nicht aus. Überlegen Sie sich, was Sie erreichen möchten.

2   Formulieren Sie Ihre Ziele in der Vorbereitung klar und konkret. Also nicht: „Ich möchte eine Terminverschiebung", sondern: „Ich möchte, dass der Termin um 14 Tage verschoben wird."

3   Achten Sie auf positive Formulierungen. Nicht: „Die Zahl der Mitarbeiter reicht nicht aus." Sondern: „Wir brauchen eine zusätzliche Person im Team X."

4 Berücksichtigen Sie die Gesprächsziele des anderen. Überlegen Sie sich, welche Interessen Ihr Gegenüber in dieser Sache haben könnte. Es sollte Ihnen nicht allein um das Durchsetzen Ihrer eigenen Ziele gehen. Behalten Sie die optimale Lösung für beide Seiten im Auge. Denn: Tragfähige Ergebnisse sind immer solche, bei denen beide Seiten möglichst viele ihrer Vorstellungen und Interessen verwirklicht sehen.

> Ihre Ziele geben Ihnen im Gesprächsverlauf Orientierung und helfen Ihnen, sich für Ihre Vorstellungen einzusetzen.

Checkliste: Leitfragen bei der Zielfindung

1 Was sind meine persönlichen Motive für dieses Gespräch (Sachanliegen/Gefühle)?

2 Was ist mein Ziel in diesem Gespräch (konkret und positiv formulieren)?

3 Wo liegen meine Interessen in diesem Gespräch?

4 Welche Motive/Interessen wird voraussichtlich mein Gegenüber haben?

5 Welche möglichen Konflikte sehe ich?

6 Welche möglichen Übereinkünfte sehe ich?

7 Welche Themen möchte ich ansprechen?

8 Was ist für mich bei einer Lösung wesentlich?

Beispiel: Ein Gespräch strukturiert vorbereiten

Frau Falter ist unzufrieden mit den Ergebnissen ihres Mitarbeiters, Herrn Rose. Sie möchte deshalb ein Gespräch mit ihm führen. Ihre Zielklärung sieht folgendermaßen aus:

1   Meine Motive

Gefühle: Ärger über nicht termingerechte Bearbeitung von Aufgaben, das Gefühl, er nimmt die Arbeit nicht ernst genug. Sachhintergrund: Mein Interesse an qualitativ hochwertiger, termingerechter Arbeit.

2   Mein Ziel

Ich möchte, dass Herr Rose sich in seinem Arbeitsfeld stärker engagiert und in Zukunft abgesprochene Termine einhält.

3   Meine Interessen im Gespräch

Ich möchte die Hintergründe erkennen: Wie kommt es zu den Verzögerungen und zu dem aus meiner Sicht mangelnden Engagement? Ich möchte,

- dass er sich stärker mit seiner Aufgabe identifiziert und sich deutlicher für sein Arbeitsfeld engagiert (konkrete Kriterien mit ihm erarbeiten!).

- dass er sich rechtzeitig im Vorfeld meldet, wenn es zu terminlichen Problemen kommt.

- dass ich mich auf ihn verlassen kann.

- dass er mich als seine Ansprechpartnerin wahrnimmt, wenn es um wesentliche Probleme geht, die seine Arbeit betreffen, und er die Sache nicht einfach so laufen lässt, bis nichts mehr geht.

- dass sich meine Mitarbeiter auch gegenseitig unterstützen. Dafür brauche ich eine gute Atmosphäre im Team.

4   Seine vermutlichen Motive und Interessen

Motive: Überforderung? Familiäre Probleme? Schlechte kollegiale Beziehungen? Kein Spaß an der Arbeit? Mangelndes Zeitmanagement? Interessen: Nicht noch mehr arbeiten? Möglichst wenig Verantwortung?

5   Mögliche Konflikte

Er könnte das Problem leugnen und blockieren (unbedingt vorbeugen durch offene Gesprächsatmosphäre!).

6   Mögliche Übereinkünfte

Regelmäßiger Zwischenstandsbericht und Besprechung möglicher Probleme. Für einen begrenzten Zeitraum regelmäßige Gesprächstermine zur Klärung der beruflichen Situation. Gezielte Personalentwicklung (Zeitmanagement? Teamentwicklung?) Vorschläge von ihm?

7   Themen

Terminprobleme und mangelndes Engagement, Hintergründe, Atmosphäre im Kollegium, private Situation, Fortbildung, feste Gesprächstermine.

8   Wesentliche Punkte

Termine müssen eingehalten werden! Langfristig orientierte Lösung zur besseren Motivation.

Checkliste: Gespräche vorbereiten

Eigene Rolle	▪ Gibt es eine feste Rollenverteilung?
	▪ Welches ist meine Rolle und was wird von mir in dieser Rolle erwartet?
	▪ Wie viel Einfluss kann ich auf die Struktur und den Verlauf des Gesprächs nehmen?
	▪ Welchen Einfluss möchte ich innerhalb des mir gegebenen Rahmens nehmen?
Beziehung	▪ Mit was für einer Person habe ich es zu tun?
	▪ Welchen Horizont und welche Erfahrungen hat sie?
	▪ Was ist ihr wichtig? Was schätzt sie?
	▪ Welche Sprache nutzt und versteht sie?

	▪ Welche Empfindlichkeiten oder „Macken" hat sie?
	▪ Welche Meinung habe ich von ihr und was empfinde ich ihr gegenüber?
	▪ Was denkt sie über mich oder empfindet sie vermutlich mir gegenüber?
	▪ Was ist an dieser Beziehung positiv bzw. problematisch?
Ort & Zeit	▪ Welcher Ort und welcher zeitliche Rahmen wären für dieses Gespräch günstig?
	▪ Wenn Sie nicht selbst bestimmen können:
	Welchen Einfluss hat der örtliche und zeitliche Rahmen auf mich und mein Ziel in diesem Gespräch?
Motive & Interessen	▪ Was ist mein Anlass für dieses Gespräch (sachlich, emotional)?
Ziel	▪ Was möchte ich erreichen?
Themen	▪ Welche Themen möchte ich ansprechen?
Motive des anderen	▪ Wie steht mein Gegenüber vermutlich zu diesen Themen?
	▪ Was könnten seine Motive für das Gespräch sein?
Konflikte	▪ Welche Probleme können auftreten?
Strategie/ Übereinkünfte/ Lösung	▪ Worauf werde ich besonders achten?
	▪ Welche möglichen Übereinkünfte sehe ich?
	▪ Was ist für mich bei einer Lösung wesentlich?

Gespräche aktiv gestalten

Um die eigenen Ziele möglichst umfassend durchzusetzen, empfiehlt es sich, im Gespräch aktiv und steuernd präsent zu sein. Hierfür können Sie eine Reihe von Gesprächstechniken gezielt einsetzen.

Im folgenden Kapitel erfahren Sie,

- wie Sie durch Zuhören Einfluss nehmen,
- wie Paraphrasierung die Verständigung sichert,
- was eine klare Kommunikation ausmacht,
- wie Sie Informationslücken durch Fragen schließen,
- was zu einer überzeugenden Argumentation gehört,
- welche Vorteile persönliche Formulierungen bringen und
- wie Sie Gespräche durch Metakommunikation steuern.

Einfluss nehmen durch Zuhören

Oft wird das aktive Gestalten und Führen von Gesprächen mit Reden gleichgesetzt. Das ist falsch. Eines der wichtigsten und effektivsten Gestaltungsmittel im Gespräch ist das Zuhören.

Die Vorteile aufmerksamen Zuhörens

Aufmerksames, intensives, verstehendes Zuhören ist ein Mittel, das gleich auf mehreren Ebenen Wirkung zeigt und das Gespräch beeinflusst.

Wertschätzung signalisieren

Aufmerksames Zuhören signalisiert Ihrem Gegenüber, dass Sie ihn und seine Sicht der Dinge ernst nehmen und sich mit seinen Inhalten wirklich auseinandersetzen. Sie drücken ohne Worte damit aus: „Das, was Sie sagen, ist mir wichtig." Aufmerksames Zuhören ist deshalb eine Form von deutlicher Wertschätzung. Dieses Signal hat einen positiven Einfluss auf die Beziehung der Gesprächspartner.

> Wenn Sie selbst ernsthaft und aufmerksam zuhören, hat auch Ihr Gesprächspartner eine höhere Bereitschaft, sich mit Ihrer Sicht der Dinge und mit Ihren Argumenten auseinander zu setzen, also Ihnen zuzuhören.

Zielgerichtet argumentieren

Es ist mittlerweile kein Geheimnis mehr, dass man eine Person verstehen muss, um sie zu überzeugen. Sie müssen wissen: Was ist ihr wichtig? Was denkt sie? Was hindert sie, bestimmte Dinge zu tun oder zu lassen? Auf diese Weise lassen sich Argumente finden, die dem anderen zugänglich sind. Menschen werden mit Argumenten überzeugt, die für sie relevant und einsichtig sind. Personen mit unterschiedlicher Art zu denken, zu werten und zu entscheiden sprechen auf unterschiedliche Argumente an. Beim Zuhören bekommen Sie ein Gefühl dafür, wie der andere denkt und wo Sie argumentativ anknüpfen können. Sie bekommen Material für eine auf Ihr Gegenüber ausgerichtete Argumentation.

Die Urteilsfähigkeit verbessern

Nur durch Zuhören können Sie Dinge erfahren, die Sie noch nicht wussten oder bisher anders gesehen haben. Nutzen Sie die Möglichkeit, um neue Perspektiven auf eine Sache zu erlangen und Ihren eigenen Horizont zu erweitern. Um Probleme sachgerecht zu lösen, müssen die Umstände und Ursachen klar sein. Das Zuhören ermöglicht Ihnen, Ihre eigene Sichtweise zu hinterfragen und Ihre Thesen zu überprüfen. Dabei ist es beim Zuhören erst einmal völlig irrelevant, ob Sie der gleichen Meinung sind wie der andere oder nicht; es ist vielmehr eine Möglichkeit, Ihre eigenen Ansichten zu überprüfen und gegebenenfalls zu verändern. Dieses Verfahren verbessert Ihre Urteilsfähigkeit und die Qualität Ihrer Entscheidungen.

Zuhören – worauf kommt es an?

Zuhören ist eine konzentrierte Form der Zugewandtheit, bei der Sie sich voll auf die Person und das, was sie ausdrücken möchte, einlassen.

Sich auf den anderen konzentrieren

Es mag sein, dass Sie zuhören und nebenbei andere Tätigkeiten verrichten können, aber Ihr Gesprächspartner wird nicht das Gefühl haben, dass Sie ihm wirklich zuhören. Wenn Sie dem anderen also Ihre Wertschätzung signalisieren möchten, sollten Sie nicht nebenher E-Mails abfragen, Akten sortieren oder aus dem Fenster schauen. Zudem entgehen Ihnen eventuell wichtige Informationen, die Sie über die Körpersprache des anderen erfahren (mehr dazu im Kapitel „Der Körper redet mit"). Konzentriertes Zuhören ist so nicht zuletzt auch eine Frage der Qualitätssicherung und Effizienz.

Signale des Zuhörens zeigen

Signale des Zuhörens zeigen sich bei konzentriertem Zuhören meist von selbst, z.B. durch eine offene Körperhaltung, Nicken, zustimmende oder verstehende Laute wie „hm", „ja", „aha" und vor allem regelmäßigen Blickkontakt. Dass Sie zuhören, zeigt sich auch, indem Sie das Gesagte z.B. noch einmal in eigene Worte fassen (dazu mehr im nächsten Abschnitt) und durch gezieltes Nachfragen.

Das Gespräch verschieben

Wer unter Zeitdruck steht, sollte kein Pseudo-Gespräch führen, also so tun, als hörte er zu und setzte sich mit der Frage auseinander, während er in Wirklichkeit innerlich ganz woanders ist. Merken Sie, dass Sie sich nicht auf die Person oder das Gespräch konzentrieren können, weil Ihnen zu viele andere Dinge durch den Kopf gehen oder die Zeit drängt, dann treffen Sie eine Entscheidung. Wenn es sich um ein wichtiges Thema handelt, dann vereinbaren Sie einen günstigeren Zeitpunkt. Sagen Sie beispielsweise: „Das Thema ist mir einfach zu wichtig, ich würde gerne mit weniger Zeitdruck darüber sprechen. Können wir einen anderen Termin vereinbaren?"

Verständigung sichern durch Paraphrasierung

Die Paraphrase ist ein Mittel, das man vor allem aus technischen, militärischen und aus therapeutischen Zusammenhängen kennt. Man fasst dabei mit eigenen Worten zusammen, was man von der Äußerung des anderen verstanden hat. Dabei muss nichts hinzugefügt, nichts kommentiert und auch nichts erweitert werden. Es wird einfach das wiedergegeben, was man gerade gehört hat. Beim Militär z. B. ist das der Befehl, bei einer Kunden-Hotline die Störungsbeschreibung des Kunden.

In beruflichen Gesprächen ist die Paraphrase als Gestaltungsmittel selbstverständlich keine Wiederholung von Befehlen. Sie fassen vielmehr mit eigenen Worten zusammen, was Sie bisher wahrgenommen haben.

Beispiel: In eigene Worte fassen

„Wir haben vor, die Marketing-Abteilung personell aufstocken ..."
Paraphrase: „Sie wollen im Marketing zusätzliche Mitarbeiter einstellen."

> Die Paraphrase ist, wie das aufmerksame Zuhören, eher eine nicht oder nur wenig lenkende Form der aktiven Gesprächsgestaltung.

Die Vorteile der Paraphrase

Ähnlich wie das aufmerksame Zuhören signalisiert die Paraphrase Aufmerksamkeit und Wertschätzung, sie geht jedoch in ihrer Wirkung und ihren Anwendungsmöglichkeiten weit darüber hinaus.

Verständnis sichern

Indem Sie wiedergeben, was Sie verstanden haben, können beide Seiten überprüfen, ob das Verständnis gelungen ist. Ihr Gegenüber merkt, ob er alle wesentlichen Aspekte genannt hat, ob die Gewichtung stimmt, ob vielleicht etwas falsch rübergekommen ist. Als Mittel der Verständnissicherung ist die Paraphrase unschlagbar und in professionellen Gesprächen unverzichtbar. Kommunikation ist ein störanfälliger Prozess und häufig leben wir in der Illusion, wir hätten den anderen verstanden. Erst Stunden, Tage oder sogar Wochen später offenbart sich, dass dies eben nicht der Fall war. Die Paraphrase ist ein einfaches, ökonomisches Mittel, das eigene Verständnis zu überprüfen.

Beispiel: Die Hauptaussage herausfiltern

> „Also, ich finde sowieso, dass das alles viel zu lange dauert an der Uni. Die verbringen da Jahre ihres Lebens und wenn sie dann in die Firmen kommen, haben sie nur Theorie im Kopf. Von der Praxis haben die doch keinen Schimmer."
>
> Paraphrase: „Sie meinen, dass die Ausbildungszeiten an den Universitäten zu lang und die Ausbildung zu praxisfern ist."

Die Beziehung gestalten

Zu paraphrasieren, was jemand anderes gesagt hat, ist ein Akt der Zuwendung. Es ist ein sehr deutliches Signal dafür, dass Sie sich ernsthaft mit der Sicht Ihres Gegenübers auseinandersetzen, und damit ein Signal der Wertschätzung. Dies hat eine positive Auswirkung auf die Beziehung. Umgekehrt strahlt diese Wertschätzung auf Sie zurück. Wenn Sie sich mit Ihrem Gesprächspartner auseinandersetzen, ist dessen Bereitschaft, sich auch auf Ihre Sichtweise einzulassen, deutlich größer.

Das Gespräch versachlichen

Wenn Sie sehr emotionale Gesprächsbeiträge ruhig und sachlich paraphrasieren und dabei auch Verständnis für die Gefühle des Gesprächspartners signalisieren, machen Sie durch die Paraphrase deutlich: „Ich verstehe Sie." Durch dieses Signal des Verstehens wirken Sie beruhigend auf die andere Person ein. Sie erkennt, dass Sie das Wesentliche verstanden haben und sie nicht noch deutlicher werden muss. So gesehen ist die Paraphrase auch ein Mittel, um zu verhindern, dass die Situation verbal und emotional eskaliert.

Beispiel: Auf Inhalt und Emotion reagieren

„Das ist ja wohl eine Unverschämtheit. Erst sagt er, er liefert am 13., nichts kommt, ich rufe am 14. an, er sagt, es ist unterwegs, am 15. ist immer noch nichts da. Das ist doch ein Saftladen. Und wir stehen hier und können nicht weitermachen."

Paraphrase: „Aha, er hat also mehrmals Liefertermine genannt, die dann nicht eingehalten wurden, und jetzt verzögert sich auch bei Ihnen alles. Ja, das ist sehr ärgerlich."

Zeit geben und Zeit gewinnen

Die Paraphrase ermöglicht es Ihrem Gegenüber, den eigenen Standpunkt noch einmal zu überprüfen, zu ergänzen oder zu korrigieren. Andererseits können Sie die Paraphrase auch nutzen, um selbst Zeit zu gewinnen und zu überlegen, wie Sie jetzt weiter handeln wollen.

Den anderen zum Reden bringen

Wer sich ein möglichst realistisches Bild einer Situation machen möchte, muss möglichst umfassende Informationen bekommen. Wenn Sie im Gespräch paraphrasieren ohne zu kommentieren oder weiterzufragen, ist dies eine Form, den Gesprächsball zurückzuwerfen. Der andere wird mit großer Wahrscheinlichkeit weitererzählen und Informationen liefern, die Sie bei einer gründlichen Situationsanalyse und der eigenen Argumentation unterstützen.

Beispiel: Informationen sammeln

Pfeil: „Also wir sind im Moment personell total eng. Und der Meier will jetzt auch, dass wir seine Gurte in den Test nehmen."

Bohr (Paraphrase): „Hm, der Meier will jetzt auch seine Testreihen durchziehen."

Pfeil: „Ja, der hat gemailt, dass er am Montag soweit ist und dann ..."

Das Gesprächsergebnis festhalten

Sie können die Paraphrase gegen Ende eines Gespräches nutzen, um die erarbeiteten Ergebnisse zusammenzufassen. So können Sie Ihr Verständnis des Ergebnisses mit der anderen Seite abgleichen und Korrekturen vornehmen, wenn dabei Missverständnisse oder Unklarheiten deutlich werden.

Beispiel: Was zu tun ist

Paraphrase: „Sie überprüfen also die Daten und geben mir bis Donnerstag Bescheid. Ich kümmere mich in der Zwischenzeit um Meier und die Freigabe." Reaktion: „Ja, aber Donnerstag wird das vor 15.00 Uhr nichts werden. Vorher sind wir noch mit den Vertrieblern zugange."

Paraphrasieren – worauf kommt es an?

Es ist nicht ganz einfach, die Paraphrase zu nutzen, wenn man sonst eher direktiv, also stärker lenkend oder argumentierend an Gesprächen beteiligt ist. Sie setzt dem Gesprächspartner gegenüber nämlich eine Haltung des Verstehens voraus: Sie möchten wissen und verstehen, was der andere zu sagen hat.

So paraphrasieren Sie

Sie haben verschiedene Möglichkeiten:

- Sie geben mit eigenen Worten wieder, was Sie verstanden haben.
- Sie fassen einen längeren Beitrag des anderen zusammen.
- Sie wiederholen einfach nur einzelne Worte oder Satzteile, die Ihr Gesprächspartner gesagt hat.
- Sie wiederholen die Kernaussage und fassen zusätzlich das Gefühl in Worte, das Sie herausgehört haben.

Paraphrasetechnik einüben

Die Praxis zeigt, dass man üben muss, die Paraphrase angemessen und gesprächsfördernd anzuwenden. Üben können Sie dabei auch durchaus im privaten Rahmen, mit Kindern, Freunden, Nachbarn. Nehmen Sie sich einfach vor, wenn jemand mit einem Erzählbedürfnis oder einem Problem zu Ihnen kommt, nicht direkt zu argumentieren, eigene Erlebnisse zu schildern oder mit Fragen einzugreifen. Setzen Sie stattdessen die Paraphrase ein. Manchmal reicht es auch, nur einzelne Worte oder Satzteile zu wiederholen, um so den Gesprächsball wieder zurückzuwerfen. Die andere Person wird – ohne groß darüber nachzudenken – genau an dieser Stelle weitererzählen.

Beispiel: Den Gesprächsball zurückwerfen

Bernd: „Die Situation ist ziemlich verfahren. Jetzt hat der Schmidt auch noch angekündigt, dass er sich nach was anderem umschaut."

Sabine: „Hm, der Schmidt auch."

Bernd: „Ja, gerade bei ihm kann ich das überhaupt nicht verstehen. Wir haben so viel Energie in dieses Projekt investiert ..."

Paraphrase gezielt, aber dezent einsetzen

Wenn Sie die Paraphrase allerdings permanent und aufdringlich benutzen, wird der andere sich nicht ernst genommen fühlen.

Papageienhaftes Nachsprechen ist nicht Paraphrasieren. Paraphrasieren ist Teil einer verstehenden, einfühlenden Haltung dem anderen gegenüber, die ihn ermuntert, weiterzusprechen, mehr zu diesem Thema zu sagen.

Klar kommunizieren

Im Gespräch möchte ich meinem Gegenüber etwas vermitteln, suche passende Worte für mein Anliegen und hoffe darauf, dass es verstanden wird. Der andere hat jedoch ein eigenes Entschlüsselungssystem für die Worte und Gesten, die ich verwende, und bewertet mich und das Gesagte mit einem anderen Erfahrungshorizont.

Gelernt haben wir das Kommunizieren von unterschiedlichen Menschen, unter unterschiedlichen Voraussetzungen und mit unterschiedlichen Ergebnissen. Je größer hier die Unterschiede sind, desto größer ist das Risiko, sich misszuverstehen, auch wenn beide Seiten guten Willens sind. Weil Kommunikation ein störanfälliges System zur Verständigung ist, wir aber über keine andere Möglichkeit zum Austausch von Informationen, Absichten, Meinungen, Wünschen und Gefühlen verfügen, ist ein möglichst hohes Maß an Klarheit hilfreich für die Verständigung.

Im deutschen Sprachraum – für andere Kulturen trifft dies nicht oder nicht in gleichem Maße zu – gilt klare Kommunikation als etwas Positives und ist Ausdruck von Sicherheit und Souveränität. Klarheit heißt in diesem Zusammenhang nicht, dass Sie jedem alles an den Kopf knallen, was Sie gerade denken, sondern: Das, was Sie sagen, sollte möglichst stimmig und eindeutig sein.

Sich selbst klären

Klare Kommunikation setzt voraus, dass Sie selbst wissen, was Sie wollen und was nicht, was Sie sagen möchten und was nicht. Je diffuser es in einem aussieht, desto schwieriger wird es, sich dem anderen verständlich zu machen. Die Voraussetzung für klare Kommunikation ist also die Selbstklärung: Welche Empfindungen und Handlungsimpulse in Bezug auf ein Thema oder eine Person nehmen Sie in sich wahr? Und wie können Sie aus Ihren vielleicht widersprüchlichen Gedanken, Einschätzungen und Wünschen zu einer klaren, ausgewogenen und von Ihnen verantwortbaren Position kommen?

Vielstimmigkeit zulassen

Alle Stimmen in Ihnen sind eine wertvolle Orientierungshilfe, nicht allein die lauteste oder drängendste. Sich klären heißt also auch, sich den Widersprüchen zu stellen und das Wissen, die Erfahrung der unterschiedlichen inneren Stimmen zu nutzen.

Ruth Cohn, Psychoanalytikerin und Spezialistin für die themenzentrierte Arbeit in Gruppen, beschrieb diese Vielstimmigkeit im Inneren eines Menschen als „inneres Parlament", in der das Ich – der Vorsitzende („Chairman" oder „Chairperson") – nach Beratung der Parlamentsmitglieder zu einer ausgewogenen und von ihm verantwortbaren Handlung, Aussage oder Entscheidung kommt. Der Kommunikationspsychologe Friedemann Schulz von Thun griff diesen Ansatz auf und prägte den Begriff des „inneren Teams".

Die Gesprächspartner spüren Unstimmigkeiten

Auch ohne gründliche Selbstklärung und Verhandlung mit Ihrem inneren Team sind Sie handlungs- und kommunikationsfähig. Allerdings haben Ihre Mitmenschen oft ein gutes Gespür für die inneren Konflikte ihres Gegenübers und auch eine sichere Wahrnehmung für Unsicherheit und Widersprüchlichkeiten.

In der Regel sind es körpersprachliche Zeichen, die anderen signalisieren, dass da etwas nicht „stimmt". Dann passen beispielsweise sprachlicher Inhalt und Gesichtsausdruck oder der Klang der Stimme nicht zusammen. Innere Ungeklärtheiten vermitteln sich über Kanäle, die Sie selbst nur sehr bedingt steuern können.

Beispiel: Unklare Signale aussenden

Die Firma von Lutz Kerber, IT-Consultant, ist insolvent. Er ist freigestellt und muss sich beruflich neu orientieren. Er hat das Angebot der Stadt Wuppertal, als IT-Fachmann auf einer TV-L 10-Stelle einzusteigen. Vor dem Gespräch hat Herr Kerber Zweifel: Soll er wirklich bei der Stadt für die Hälfte seines ehemaligen Gehalts als IT-Fachmann anfangen? Obwohl er fachlich absolut geeignet ist und im Gespräch sagt, dass er die Aufgabe gerne übernehmen würde, bleiben nach dem Gespräch auf der Seite der Stadt Zweifel, ob er der Richtige ist.

Warum? Wahrscheinlich haben die Gesprächspartner der Stadt Herrn Kerbers Ambivalenz in Bezug auf die Stelle wahrgenommen.

Was sagt das „innere Beraterteam" dazu?

Herrn Kerber spürte in Bezug auf die Stelle keine Klarheit. Hätte er den unterschiedlichen inneren Stimmen als Beraterteam mehr Aufmerksamkeit geschenkt, hätte sich folgendes Bild ergeben:

Beispiel: Das „innere Beraterteam"

Der Sicherheitsbewusste: „Sicher ist sicher. Bei der Arbeitsmarktlage ist das doch optimal. Der Job ist krisenfest, du hast geregelte Arbeitszeiten. Die müssen dich auch halten, wenn du nicht mehr geradeaus laufen kannst. Mach das!"

Der Statusbewusste: „Na, da bist du dann so ein kleines Würstchen bei der Stadt. Prima! Dafür hast du dich die letzten Jahre so krumm gemacht?"

Der Ökonom: „Da musst du finanziell aber arg zurückstecken. TV-L 10 für einen Ingenieur mit 10 Jahren einschlägiger Berufspraxis, das ist nicht der Knüller. Die große Wohnung lässt sich so wahrscheinlich nicht halten. Aber immerhin ein festes, geregeltes Einkommen. Hat in diesen Zeiten auch was für sich."

Der Familienvater: „Nicht schlecht! Dann bist du nicht mehr so viel unterwegs, hast mehr Zeit für die Kinder. Dann kannst du auch am Nachmittag mal so zeitig zu Hause sein, dass du noch zusammen mit den Kids ins Schwimmbad kannst."

Der Abenteurer: „Mensch, das kannst du doch nicht machen. Morgens hin, stempeln, nachmittags raus, stempeln. Und dann in so einer hierarchischen Behörde, wo alle Mühlen so langsam gehen und jeder nur bis zu seinem eigenen Schreibtisch denkt. Das hältst du gar nicht aus. Du brauchst Projekte, Herausforderungen! Lass den Mist, du wirst schon noch was Besseres finden."

Der Schicksalsergebene: „Wenn's das sein soll, dann werden sie dich schon nehmen. Wenn nicht, dann nicht."

Es wird deutlich, dass Herr Kerber die vielen kritischen Stimmen nicht in seine Entscheidung, sich zu bewerben, eingebunden hat. Er war sich selbst nicht darüber im Klaren, ob er die Stelle überhaupt will. Erst wenn man sich ausreichend mit den verschiedenen inneren Beratern auseinander gesetzt und zu einer inneren Überzeugung gefunden hat, kann man nach außen sicher und überzeugend auftreten.

> Ein überzeugendes Auftreten nach außen setzt innere Klarheit und Sicherheit voraus.

Checkliste: Sich klären

Müssen oder wollen Sie zu einer Sache Stellung beziehen oder eine Entscheidung treffen und diese in einem Gespräch darlegen, dann gehen Sie folgendermaßen vor:

1 Welche verschiedenen Gedanken und Gefühle registrieren Sie? Machen Sie sich Notizen. So bekommen Sie leichter einen umfassenden Überblick. Betrachten Sie diese unterschiedlichen Gedanken und Gefühle als Mitglieder Ihres inneren Beraterteams. Sie repräsentieren Ihr gesamtes verfügbares Wissen und Ihre Erfahrung. Versuchen Sie auch, die leisen Teammitglieder mit Ihrer Botschaft wahrzunehmen.

2 Benennen Sie die verschiedenen Stimmen und bringen Sie deren Haltung zu der Angelegenheit kurz und knapp auf den Punkt (wie in vorhergehendem Beispiel).

3 Überlegen Sie, wie Sie unter Berücksichtung der verschiedenen Stimmen zu einer Haltung kommen können,
   die Sie nach außen hin vertreten und verantworten
   wollen und können. Mit welcher Haltung können Sie
   möglichst viele Aspekte der verschiedenen Stimmen berücksichtigen?

4 Nehmen Sie diese Ergebnisse als Grundlage für die Vorbereitung des bevorstehenden Gesprächs.

Niemals unter Zeitdruck handeln

Wenn jemand Sie in einem Gespräch zu einer Entscheidung
drängt, Sie selbst aber noch nicht wissen, was Sie möchten,
ist es ein legitimes Mittel, die Antwort aufzuschieben.

Beispiel: Um Aufschub bitten

„Ich möchte gern noch einmal kurz über die Sache nachdenken.
Ist es für Sie o. k., wenn ich mich gegen Mittag noch mal bei
Ihnen melde und Bescheid sage?"

Lassen Sie sich nicht in die Enge treiben

Manchmal reicht schon eine halbe Stunde, manchmal möchte
man eine Nacht darüber schlafen oder vielleicht sogar mehrere Tage nachdenken. Nehmen Sie sich die Zeit, die Sie
brauchen, um sich ein klares Bild zu machen. In vielen Fällen
lässt man sich schneller in eine Entscheidung hineindrängen,
als es die Sache verlangt. Die Folgen einer unausgewogenen
Entscheidung belasten Sie dann unter Umständen lange.
Sobald Ihnen Ihre Haltung zu einer wichtigen Frage im

Gespräch nicht sofort klar ist, nehmen Sie sich die Zeit, sich zu klären und Ihr inneres Team zu befragen. Im Anschluss daran fällt es Ihnen leichter, ausgewogen und verantwortlich zu entscheiden und dies auch souverän zu vertreten.

Klar formulieren

Wenn Sie wissen, was Sie vertreten wollen und Ihre Haltung gefühlsmäßig und argumentativ gut fundiert ist, wird es Ihnen leichter fallen, klar zu formulieren. Doch manche Menschen haben sich angewöhnt, ihre an sich eindeutige Haltung und Überzeugung hinter zaghaften Formulierungen zu verschleiern und dadurch abzuschwächen.

Folgende Techniken erleichtern es Ihnen, Ihre Meinung klar zu vertreten:

- Verzichten Sie auf Weichmacher wie „eigentlich", „vielleicht", „wohl", wenn Sie sich Ihrer Sache sicher sind.

Beispiele: Keine Weichmacher im Vorstellungsgespräch

„Welche Kompetenzen bringen Sie denn für diese Aufgabe mit?"
„Ja, ich kann eigentlich ganz gut mit Menschen umgehen."
Besser: „Ich kann gut mit Menschen umgehen."
„Im Besonderen kann ich vielleicht auch sagen, dass ich gut ..."
Besser: „Ich kann gut ..."

- Leiten Sie Ihre Sätze nicht mit „Ich denke", „Ich glaube" oder anderen Formulierungen ein, die Unsicherheit oder Zweifel signalisieren, wenn Sie sich Ihrer Sache sicher sind.

Beispiele: Für die eigene Kompetenz einstehen

„Ich denke, ich kann ganz gut organisieren"
Besser: „Ich kann gut organisieren."
„Ich glaube, ich kann sagen, dass mir kreative Aufgaben liegen."
Besser: „Mir liegen kreative Aufgaben."

- Verzichten Sie auf unnötige Verkleinerungen.

Beispiele: Das eigene Licht nicht unter den Scheffel stellen

„Da war ich auch ein bisschen für die Koordination zuständig."
Besser: „Ich war mitverantwortlich für die Koordination."
„Um Ihnen da mal ein kleines Beispiel zu geben: Ich habe ..."
Besser: „Ich möchte Ihnen gerne ein Beispiel geben: ..."

- Wenn Sie sich sicher sind, ist der Konjunktiv die falsche Form.

Beispiele: Könnten oder können Sie?

„Ich würde schon denken, dass ich der Aufgabe gewachsen bin."
Besser: „Nach den Erfahrungen, die ich bisher gesammelt habe, gehe ich davon aus, dass ich der Sache gewachsen bin."
„Ich könnte vielleicht auch dafür die Verantwortung übernehmen."
Besser: „Ich kann mir gut vorstellen, Verantwortung für den Bereich X zu übernehmen. Ich habe entsprechende Erfahrungen in ...."

- Wenn Sie etwas von jemandem wollen, sprechen Sie es klar aus, adressieren Sie Ihren Wunsch und verzichten Sie auf versteckte Appelle.

Beispiele: Direkte Ansprache

„Es wäre vielleicht ganz gut, wenn jemand mich informieren könnte."

Besser: „Karla, bitte informier' mich, wenn's so weit ist."

„Die Post muss heute noch weggebracht werden."

Besser: „Frau Dornhöfer, nehmen Sie bitte heute die Post noch mit."

Gezielt fragen

Fragen können Prozesse anregen, sie können helfen, Informationslücken zu schließen, andere dazu bringen, ihre Argumente auf den Tisch zu legen, motivieren und vieles mehr. Fragen können aber auch ein Gespräch blockieren. Wer jemanden zum Reden bringen möchte und dies mit einem dafür ungeeigneten Fragetypus versucht, wird schnell scheitern. Wichtig ist zu wissen, mit welchen Fragen Sie was bewirken, damit Sie Fragen gezielt nutzen können.

Offene und geschlossene Fragen

Grundsätzlich kann man zwischen geschlossenen und offenen Fragen unterscheiden.

Geschlossene Fragen

Geschlossene Fragen sind Fragen, die die Antwortmöglichkeit sehr einschränken. Sie fragen nach einem bestimmten Wort und sind oft lediglich mit Ja oder Nein zu beantworten.

Beispiel: Ja oder nein?

> „Sind Sie verheiratet?"
>
> „Steht mir ein Dienstwagen zur Verfügung?"
>
> „Haben Sie bereits eine Lebensversicherung abgeschlossen?"

Geschlossene Fragen können Sie einsetzen, um eine gezielte, verbindliche Information zu einem präzise eingegrenzten Punkt zu erhalten. Sie eignen sich auch dazu, Vielredner im Zaum zu halten und „Nägel mit Köpfen" zu machen.

Wenn Sie mehr über andere erfahren wollen, jemanden zum Reden animieren und ein Gespräch in Schwung bringen möchten, sind geschlossene Fragen ein ungeeignetes Mittel. Als Fragender fühlen Sie sich oft genötigt, gleich die nächste Frage zu stellen, um das Gespräch am Laufen zu halten. So kann Frage auf Frage folgen und das Gespräch bekommt eher den Charakter eines Verhörs als den einer Unterhaltung.

Offene Fragen

Offene Fragen lassen dem anderen hingegen mehr Spielraum zu antworten. Sie beginnen mit einem der W-Frageworte: Wer, wie, was, wieso, weshalb, warum. Deshalb nennt man sie auch W-Fragen.

Beispiel: Hintergründe erfragen

> „Wie steht Ihre Familie zu Ihren Umzugsplänen?"
>
> „Was halten Sie davon, Frau Falter mit der Aufgabe zu betrauen?"

Der Befragte kann auswählen, was und wie viel er erzählen möchte. In der Regel bekommen Sie bei offenen Fragestellungen mehr Informationen. Da der Befragte Inhalt und Gewichtung der Antwort stärker steuern kann, erfahren Sie mehr von ihm als Person. Dies ist oft hilfreich, um die Bedürfnisse und Ziele des anderen (z. B. eines Kunden) zu erfassen. Geschickte Gesprächspartner können sich bei offenen Fragen aber auch gut herausreden. Da kann eine präzise und zielgenaue geschlossene Frage Abhilfe schaffen.

Offene Fragen sind das Mittel der Wahl, wenn

- Sie die Perspektive von anderen kennen lernen und verstehen wollen,
- Sie sich ein Bild von einem komplexen Vorgang oder Sachverhalt machen wollen, z. B. in einem Akquisegespräch oder
- Sie in einer Gruppe einen Diskussionsprozess anregen wollen.

Fragetypen und ihre Anwendung

Verschiedene Fragetypen haben unterschiedliche Funktionen in einem Gespräch. Im Folgenden finden Sie die wichtigsten und Sie erfahren, zu welchem Zweck Sie diese einsetzen können.

Informations- oder Faktenfragen

Die Informations- oder Faktenfrage gehört zur Kategorie der offenen Fragen. Gefragt wird nach fehlenden Informationen und Fakten, die nach aufmerksamem Zuhören zum weiteren Verständnis des Sachverhaltes gebraucht werden.

Beispiele: Informationen erfragen

> „Seit wann haben Sie den Eindruck, dass Herr Müller nicht mehr ganz bei der Sache ist?"
>
> „Sie haben gewisse Anzeichen erwähnt, an denen man hätte erkennen können, dass die Sache nicht laufen wird. Welche Anzeichen meinen Sie?"

Verständnis- oder Definitionsfragen

Häufig verwenden wir Begriffe, bei denen wir von einem gleichen oder zumindest ähnlichen Verständnis beim anderen ausgehen. Diese Gemeinsamkeit ist jedoch nicht immer gegeben. Wenn jemand z. B. bei einem Produkt von „teuer" oder „günstig" spricht, wissen Sie nicht, ob er die gleichen Maßstäbe hat wie Sie. Verständnis- und Definitionsfragen helfen hier, eine gemeinsame Basis des Verstehens herzustellen. Auch diese Fragen gehören zum Typ der offenen Fragen.

Beispiele: Nachfragen

> „Was heißt für Sie zu teuer?"
>
> „Sie sprachen von Motivationslack. Was verstehen Sie genau darunter?"

Begründungsfragen

Hier fragen sie nach Gründen und Argumenten. Sie wollen Antwort auf die typischen Sesam-Straße-Fragen „wieso, weshalb, warum". Sie können damit auch gut erkennen, wie fundiert Behauptungen und Vorschläge sind, Sachverhalte auf ihre Plausibilität hin überprüfen und sich eine Meinung bilden.

Die Begründungsfragen sind deshalb ein absolut notwendiges Handwerkszeug für die gestaltende Gesprächsführung. Auch dieser Fragetypus gehört zu den offenen Fragen.

Beispiele: Nach Argumenten fragen

„Sie sind der Meinung, wir sollen für die Betreuung der Patienten eine Freizeitpädagogin einstellen. Warum sollten wir das tun?"

„Wieso haben Sie Herrn Schulz denn nach Hause geschickt?"

Eingebettete Fragen

Eingebettete Fragen haben grammatikalisch die Form einer Aussage, werden aber trotzdem von anderen als Frage verstanden. Sie eignen sich gut, um einen neuen Vorschlag einzubringen, bei dem man unsicher ist, wie der andere ihn aufnimmt. Die Einbettung mindert den Antwortdruck, der andere kann sich frei äußern, weil er ja nicht direkt gefragt wurde. In Verhandlungsgesprächen kann man so z. B. einen „Versuchsballon" mit einer Kompromisslösung starten.

Beispiel: Erst mal „vorfühlen"

„Ich weiß nicht, was Sie davon halten, aber ich könnte mir auch vorstellen, dass wir Frau Feuerbach für den Abteilungsleiterposten vorschlagen."

„Ich weiß nicht, wie Sie die Sache sehen. Aber wir hatten überlegt, die Herausgabe der Studie vielleicht noch einmal zurückzustellen."

Ja–Nein–Fragen

Ja–Nein–Fragen gehören zum geschlossenen Fragetypus. Damit lässt sich kurz und knapp eine Information abprüfen oder eine Entscheidung herbeiführen. Bei der Darstellung komplexer Zusammenhänge empfiehlt es sich, zu Beginn mit offenen Fragen, Zuhören und Paraphrasen zu arbeiten und dann Wissenslücken mit Ja–Nein–Fragen zu schließen.

Beispiele: Informationslücken gezielt schließen

„Haben Sie den Vertrag bereits unterschrieben?"
„Ist Ihr Betrieb zertifiziert?"

Alternativfragen

Auch Alternativfragen gehören zu den geschlossenen Fragen. Der Befragte kann zwischen zwei vorgegebenen Möglichkeiten wählen. Eine Entscheidung ist möglich, aber nur in diesem sehr begrenzten Rahmen.

Beispiele: entweder – oder

„Wollen Sie ein Raucher- oder Nichtraucherzimmer?"
„Kann ich nun in der 43. oder in der 44. KW Urlaub nehmen?"

Suggestivfragen

Suggestivfragen gehören zum geschlossenen Typus und legen eine bestimmte Antwort nahe. Dem Gegenüber bleibt fast nur diese Antwort übrig. Wissen Sie sicher, dass Ihr Gesprächspartner der gleichen Meinung ist wie Sie, können Sie guten Gewissens so fragen. Weil Suggestivfragen aber auch ein

Mittel zur Manipulation, zur latenten Drohung oder Unterstellung sein können, tragen sie häufig eher zur Verschlechterung der Beziehung und des Gesprächsklimas bei. Insgesamt gilt deshalb immer: Vorsicht bei der Anwendung.

Beispiel: Latente Drohung

 „Wollen Sie etwa die Frauenquote erhöhen?"

Hier ist die Suggestivfrage manipulativ gebraucht: Das „etwa" hat einen drohenden Charakter. Der Frager will ein Nein oder eine Korrektur des vorher Gesagten hören.

Beispiel: Als Frage verkleideter Vorwurf

 „Finden Sie nicht, dass Sie bisher ziemlich wenig geleistet haben?"

„Sind Sie nicht auch der Meinung, dass das hätte schneller gehen müssen?"

Diese Fragen verlangen eine Bestätigung oder Verteidigung als Antwort. Der Frager versucht seine Sicht der Dinge dem Gegenüber aufzudrängen. Solche Fragen tragen nicht zum konstruktiven Verlauf eines Gesprächs bei.

Bestätigungsfragen

Mit Bestätigungsfragen lässt sich überprüfen, ob das Gesagte richtig verstanden wurde. Sie sind eine andere Form der Paraphrase und implizieren im Gegensatz zur Suggestivfrage keine bestimmte Antwort. Auch sie gehören zu den geschlossenen Fragen.

Beispiele: Verständnis sichern

„Habe ich Sie richtig verstanden? Unter diesen Bedingungen plädieren Sie für eine Abschaffung der Gleitzeitregelung?"

„Stimmt das: Sie erwarten also nicht, dass er sich wieder meldet?"

Mit Argumenten überzeugen

In allen Beziehungen, in denen Sie nicht durch Ihre Rolle am längeren Hebel sitzen, sind Sie darauf angewiesen andere zu überzeugen, wenn Sie Ihre Ideen realisieren wollen. Auch, wenn Sie sich in der stärkeren Position befinden, reicht es nicht, etwas autoritär vorzuschreiben. Denn es gibt viele Möglichkeiten, aufgedrängte Konzepte und Verordnungen unauffällig zu sabotieren – sei es durch gebremstes Engagement oder das Vorenthalten von Informationen. Moderne Führungskonzepte gehen deshalb von einem Überzeugungsansatz aus. Es ist langfristig wirkungsvoller, die Mitarbeiter von den eigenen Vorstellungen zu überzeugen bzw. auch für ihre Ideen offen zu sein und von ihrem Wissen zu profitieren. Auch wenn es einer Führungskraft nicht immer gelingt, alle Mitarbeiter für eine Sache zu begeistern, so findet die Entscheidung größere Akzeptanz, wenn alle Einwände und Bedenken gehört wurden und das wirkliche Bemühen um gegenseitiges Verständnis spürbar wurde.

Überzeugen lassen sich andere nur mit guten Argumenten. Deshalb ist zielorientiertes Argumentieren eine Schlüsselfähigkeit für Mitarbeiter aller Ebenen.

Checkliste: Grundsätzliches zum Überzeugen

- Gestehen Sie anderen die Freiheit zu, sich ihre eigene Meinung zu bilden, auch wenn sie konträr zu Ihrer ist.

- Versuchen Sie, durch Argumente zu überzeugen, die auf die Person, die Interessen und Werte des anderen zugeschnitten sind.

- Diskutieren Sie engagiert, aber üben Sie keinen Druck aus. Zu starkes Engagement wird als bedrängend empfunden und führt oft dazu, dass andere unzugänglich werden.

- Setzen Sie sich mit den Gedanken und Vorstellungen des anderen wirklich auseinander. Versuchen Sie gut zuzuhören und zu verstehen. Nur wenn Sie andere und deren Situation verstehen, können Sie passende Argumente finden.

- Seien Sie selbst offen, sich von guten Argumenten anderer überzeugen zu lassen. Machen Sie deutlich, wenn Sie etwas gut finden und wo Gemeinsamkeiten bestehen.

- Verhalten Sie sich respektvoll und fair.

- Um zu überzeugen, muss man warten können. Oft brauchen Menschen Zeit, um Argumente in Ruhe auf sich wirken zu lassen und Alternativen zu durchdenken. Dies geschieht oft erst *nach* einem Gespräch.

Wie wichtig Gefühle sind

Viele Menschen sind der Ansicht, man sei überzeugend, wenn man sachlich und rational argumentiert. Definiert man „sachlich" als „an der Sache orientiert und dem anderen gegenüber fair", ist dies sicher richtig. Setzt man „sachlich" jedoch mit „rational" gleich, so muss man diese These einschränken. Von der Wirkung her gesehen ist eine nur den Verstand ansprechende Strategie oft nicht erfolgreich.

Gefühle sind oft entscheidend

Warum erreicht man mit einer rein den Verstand ansprechenden Argumentationsweise oft nicht sein Ziel? Wer sein Gegenüber davon überzeugen möchte, etwas anderes zu tun als bisher, ein Projekt zu unterstützen oder gegen diesen oder jenen Vorschlag zu stimmen, der trifft auf einen Menschen, der bereits bestimmte Meinungen, Überzeugungen und Gewohnheiten hat. Diese sind nicht alle rational begründet, sondern haben mit den Werten und Erfahrungen dieser Person zu tun, mit ihren Zielen, ihren Ängsten und Vorlieben. Die Einstellungen und Ansichten des anderen sind also nicht allein rational zu verstehen.

In vielen Fällen ist es also nicht möglich, jemanden allein mit rationalen Argumenten dazu zu bewegen, seine Haltung zu ändern. Versuchen Sie herauszufinden, welche Gefühle mit der Haltung des anderen verbunden sind. Nur wenn Sie auf diese Gefühle in Ihrer Argumentation auch eingehen und Lösungen finden, die diese respektieren, wird es Ihnen gelingen, jemanden zu einer Änderung zu bewegen.

Beispiel: Durch rationale Argumente nicht zu bewegen

In der Abteilung einer Verwaltung soll die Terminplanung in Zukunft über das PC-Netzwerk laufen. Die Mitarbeiter sollen ihre Termine in einem gemeinsamen Programm eintragen. Die Einträge sind für die Kollegen einsehbar. Es gibt viele rationale Argumente für dieses Vorgehen: Bei Abwesenheit kann Anrufern mitgeteilt werden, wann Sie den Mitarbeiter wieder sprechen können. Besprechungstermine können zentral frei gehalten und eingetragen werden etc.

Trotzdem lehnt der Mitarbeiter Schulz das neue System der Terminorganisation ab. Er ist 57 Jahre alt und möchte die letzten Jahre seines Berufslebens nichts mehr Grundlegendes an seinen Arbeitsabläufen ändern. Er ist unsicher am PC und befürchtet überdies, durch die terminliche Transparenz die Kontrolle seiner Arbeit durch andere. Mit rationalen Argumenten, die z.B. auf die Effektivität abzielen, wird Herr Schulz nicht zu überzeugen sein.

Eine Chance, ihn zu bewegen, hat man nur, wenn man auf seine Gefühle – also seine Ängste, Befürchtungen und seine Unlust, sich Neuem zu stellen – eingeht und ihm anbietet, ihn in dem bevorstehenden Veränderungsprozess zu unterstützen.

Viele Einstellungen und Handlungen der Menschen sind nicht allein rational begründet. Dadurch lassen sie sich oft nicht allein durch eine vernunftsorientierte Argumentationsweise ändern.

Adressatenbezogen argumentieren

Wenn Sie andere von Ihren Ideen überzeugen wollen, sollten Sie sich klar machen, dass andere nicht unbedingt durch die Argumente überzeugt werden, die für Sie persönlich wichtig und ausschlaggebend sind. Sie wollen jemand anderen überzeugen, also muss Ihre Argumentation vor allem adressatenbezogen sein, d.h. für Ihren Gesprächspartner

- von Interesse, plausibel und nachvollziehbar sein und
- deshalb das Denken, Fühlen, die Interessen und die Erfahrung des anderen berücksichtigen.

Arten von Argumenten

Die Wirkung von Argumenten hängt nicht nur davon ab, wie stark sie sich auf den Adressaten beziehen. Es gibt verschiedene Formen von Argumenten, die jeweils auf unterschiedliche Weise wirken. Natürlich werden Sie in einem Gespräch kaum von allen Möglichkeiten Gebrauch machen. Die sinnvolle Auswahl hängt von Ihrem Gegenüber dem Thema und der Situation ab. Verschiedene Arten von Argumenten stellen wir Ihnen an einem Beispiel vor.

Erinnern Sie sich an das Gespräch, in dem der Projektmanager Bohr den Leiter der Versuchsstrecke, Herrn Pfeil, dazu bringen möchte, sein Projekt bei den laufenden Tests vorzuziehen (siehe erstes Beispiel im Abschnitt „Die Beziehung zum Gesprächspartner einschätzen")? Im ersten Kapitel haben Sie gesehen, was er dafür tun kann, eine solide Beziehungsbasis herzustellen. Zur Vorbereitung dieses Gesprächs gehört jedoch auch die Vorbereitung einer guten Argumentation.

Fakten

Fakten sind beleg- und nachprüfbare Sachverhalte. Sprechen die Fakten für Sie und können Sie das auch belegen, haben Sie gute Karten. Dagegen ist kaum anzukommen.

Beispiel: Konsequenzen aufzeigen mit Schriftstücken

Herr Bohr möchte, dass sein Projekt bei den Tests vorgezogen wird, damit er den zugesagten Kundentermin halten kann. Er dokumentiert zur Gesprächsvorbereitung, welche Konsequenzen eine Lieferverzögerung für die eigene Firma hätte (z. B. Vertragsstrafe) und nimmt entsprechende Schriftstücke als Beleg mit.

Vereinbarungen und Regeln

Sich auf Vereinbarungen und Regeln zu berufen, ist immer dann gut, wenn diese als solche anerkannt oder dokumentiert und gültig sind. Voraussetzung ist natürlich, dass sie auf den jeweiligen Fall auch zutreffen.

Beispiel: Betriebliche Regelungen

Herr Bohr überprüft, ob es Vorschriften oder andere inhaltliche Festlegungen innerhalb der Firma gibt, die auf diesen Fall zutreffen könnten. Gibt es Regelungen bezüglich der Verbindlichkeit von Lieferterminen? Gibt es entsprechende Vereinbarungen zwischen der Entwicklungs- und der Versuchsabteilung? Gibt es mündliche Übereinkünfte? Wenn ja, zwischen wem?

Eigene oder gemeinsame Erfahrungen

Dass ältere Mitarbeiter oft über mehr Autorität verfügen als ihre jungen Kollegen, hat auch mit ihrem Erfahrungshintergrund zu tun. Erfahrungen sind in der Praxis gewonnene, wertvolle Erkenntnisse. Insofern werden Erfahrungen auch häufig als Argument eingesetzt. Vorteilhaft ist es, Erfahrungen anzusprechen, über die der andere auch verfügt, also gemeinsame Erfahrungen. Diese Argumente haben eine größere Wirksamkeit, wenn sie mit konkreten Beispielen verbunden sind.

Beispiel: Bisherige Erfolge

Herr Bohr nimmt auf ein vergleichbares Projekt Bezug, bei dem Herr Pfeil sich flexibel und kooperativ gezeigt hat; einen Fall, bei dem sie Dank seines Handelns (z. B. Planung und Durchführung einer Nachtschicht, um die Teststrecke in der freien Zeit zu nutzen) zu einer guten Lösung und einem erfolgreichen Projektabschluss gekommen sind.

Beispiele

Beispiele haben den Vorteil, dass sie plastisch und eingängig sind, und werden deshalb häufig als Argument genutzt. Bei Beispielen kommt die Technik der Vereinzelung zum Einsatz: Sie können Ihren Gesprächspartner mit einem Beispiel dazu ermuntern, vom Einzelfall des geschilderten Beispiels auf das Allgemeine zu schließen und wieder zurückzuschließen auf den besprochenen Fall. Wichtige Voraussetzung für die Wirksamkeit ist natürlich, dass das Beispiel auch auf den konkreten Fall übertragbar ist.

Beispiel: Ein ähnlicher Fall

Herr Bohr geht in seiner Gesprächsvorbereitung auf die Suche nach einem ähnlichen Fall, der erfolgreich gelöst wurde. Was hat die Testabteilung damals gemacht, um das zusätzliche Testvolumen zu schaffen? Welche Lösung haben sie gefunden? Findet er gute Beispiele, wird Herr Pfeil Schwierigkeiten haben zu sagen: „Das geht nicht, das ist nicht machbar."

Normen und Werte

In Diskussionen werden Normen und Werte immer wieder als Argumente verwendet. Diese Technik nutzt das Gegenteil der Vereinzelung: die Verallgemeinerung. Anscheinend allgemein gültige Normen werden herangezogen und auf den aktuellen Fall übertragen. Diese Form der Argumentation kann nur wirken, wenn sie auf Normen und Werten basiert, mit denen sich der Gesprächspartner verbunden fühlt.

Beispiel: Zuverlässigkeit als Norm

Herr Bohr bringt das Argument: „Wir können uns es als schwäbische Firma, die für ihre Zuverlässigkeit bekannt ist, nicht leisten, bei einem so wichtigen Projekt als unzuverlässiger Zulieferer dazustehen." Herr Pfeil wird darauf nur dann in Herrn Bohrs Sinne reagieren, wenn er die Annahme akzeptiert, die diesem Argument zugrunde liegt, nämlich: „Es ist wichtig, dass unser Unternehmen nach außen hin als zuverlässig und pünktlich gilt. Jeder Einzelne sollte sich dafür verantwortlich fühlen und entsprechend handeln." Hat diese Norm bei ihm keine Bedeutung bzw. sind ihm andere Werte wichtiger (z.B. „Ich möchte, dass die Mitarbeiter meiner Abteilung nicht noch mehr Überstunden ansammeln."), wird ihn Herr Bohr damit nicht überzeugen.

Sich auf Personen und Institutionen berufen

Sie können sich mit einem Argument auch auf die Meinung anderer berufen. Die Wirkung dieses Arguments hängt jedoch sehr davon ab, inwieweit Ihr Gegenüber diese Person oder Institution als Autorität anerkennt. Fehlt die Akzeptanz oder wird der Person für diese Problemstellung die Kompetenz abgesprochen, hat das Argument keine Wirkung.

Beispiel: Die anerkannte Autorität

Herr Bohr überlegt, welche Person bei Herrn Pfeil Ansehen genießt bzw. wen er als Autorität akzeptiert. Dann versucht er, zwischen dieser Person und von ihr vertretenen Positionen eine Verbindung zu dem aktuellen Problem herzustellen. Dies lässt er dann einfließen: „Ihr Chef hat in der letzten Abteilungsleitersitzung selbst noch einmal bekräftigt, dass die Kundenzufriedenheit für uns höchste Priorität hat. Da können wir in diesem Fall jetzt nicht einfach sagen, ‚Sorry, da können wir Ihnen auch nicht weiterhelfen.'"

Statistik heranziehen

Es gibt viele Menschen, die sich durch Zahlen überzeugen lassen, weil sie scheinbar objektiv und wissenschaftlich sind. Operiert jemand mit Zahlenmaterial aus einer Statistik, wirkt dies im ersten Moment sehr rational. Die Argumentation mit einer Statistik lässt sich jedoch in vielen Fällen sehr schnell entkräften, wenn man gezielt nach den Quellen fragt oder die Übertragbarkeit auf den konkreten Fall kritisch überprüft.

Beispiel: Zahlen zum Vergleich

Denkt Herr Bohr, dass Herr Pfeil jemand ist, der auf Zahlen anspricht, könnte er beispielsweise ausgewertetes Material einer Studie zum Zusammenhang von Kundenzufriedenheit und Termintreue präsentieren.

Aufstellen von Prognosen

Prognosen beschreiben „Was passiert, wenn ..." und sind zukunftsorientiert. Die Prognose kann irgendwann eintreffen oder auch nicht – das ist die Schwäche dieser Form der

Argumentation. Häufig sprechen Prognosen die Gefühle des Gesprächspartners an, seine Hoffnungen oder Befürchtungen, weshalb sie durchaus sehr wirksam sein können. Meist wird die Prognose in Diskussionen als Faktum dargestellt und nicht als das, was sie ist, nämlich eine subjektive Einschätzung dessen, was in Zukunft passieren wird.

Beispiel: Szenario

Herr Bohr entwirft ein Szenario, was passiert, wenn sie diesen Auftrag nicht termingerecht abwickeln: „Wenn wir bei diesem wichtigen Projekt den Termin nicht halten können, dann können wir Folgeaufträge vergessen. Dann können wir sehen, ob's überhaupt noch etwas für uns zu testen gibt. Dann lassen die das die Konkurrenz machen und dann ist das der nächste Großkunde, den wir verlieren."

Gefühle einbringen

Bei der Erforschung von Gefühlen und ihren Funktionen ist das bisherige Fazit von Wissenschaftlern aus verschiedenen naturwissenschaftlichen Disziplinen:

> Gefühle waren und sind ein wichtiges Orientierungsmittel im Überlebenskampf und der Evolution der Menschen. Sie beziehen sich auf Erfahrungen und sind oft schneller und zuverlässiger als das Denken.

Gefühle sind ein hochsensibles Instrument zum Erkennen und Lösen von Problemen. Man spricht in diesem Zusammenhang auch von der „Intelligenz der Gefühle". Nicht zuletzt deshalb sind die eigenen Gefühle für Menschen immer wichtige Argumente, etwas zu tun oder zu lassen. Bei manchen Menschen – vor allem solchen, die in der Illusion leben, alles mit dem Verstand regeln zu können – werden Sie mit emotionalen Argumenten auf wenig Verständnis stoßen. Bei anderen werden sie jedoch sogar eine stärkere und nachhaltigere Wirkung haben als andere Argumente. Folglich entscheidet die Einschätzung Ihres Gesprächspartners über den Einsatz dieser Art von Argumenten.

Beispiel: Mit dem eigenen Gefühl argumentieren

Herr Bohr empfindet starke Gefühle, wenn er an die Terminschwierigkeiten seines Projekts denkt. Er befürchtet, dass die Nicht-Einhaltung des Termins weitreichende Folgen für die Beziehung zum Kunden und die Vergabe von Folgeaufträgen hat. Er kann dies nicht belegen, es ist ‚nur' ein Gefühl, aber dieses Gefühl speist sich aus vielen Kontakten und Gesprächen mit dem Kunden und aus dem Wissen um die Konkurrenz auf diesem Gebiet. Es hält es für sinnvoll, Herrn Pfeil das starke Gefühl der Besorgnis im Laufe des Gesprächs nicht vorzuenthalten, da es sogar seine eigentliche Antriebskraft in diesem Fall ist.

Er sagt: „Herr Pfeil, ich bringe nicht gerne Ihre Planung durcheinander. Doch in diesem Fall kann ich nicht anders. An diesem Auftrag hängt wirklich viel. Und ich befürchte sehr, dass wir uns Folgeaufträge abschminken können, wenn wir schon bei unserer ersten Kooperation unzuverlässig sind. Ich möchte das unbedingt vermeiden und mit Ihnen besprechen, wie wir es hinkriegen können, dass wir die letzten Tests noch diese Woche absolvieren können, so dass wir das Produkt zum Termin freigeben können."

In diesem Plädoyer kommt Herrn Bohrs Gefühlslage zum Ausdruck, nämlich seine Sorge und sein Empfinden von Dringlichkeit. Gleichzeitig spricht er Herrn Pfeil als Partner und Verbündeten an, mit dessen Unterstützung er eine Lösung herbeiführen will.

Umgang mit den Argumenten anderer

Eine Grundvoraussetzung für die eigene Überzeugungskraft ist der Kontakt mit dem Gegenüber auf Augenhöhe. Aber natürlich entscheidet über den Erfolg der Argumentation auch, wie der Argumentierende mit den Argumenten der anderen umgeht.

So vermeiden Sie Konfrontation

- Wenn Sie mit Ihren Argumenten überzeugen möchten, ist es besser, dass Sie nicht bei jedem Argument des anderen widersprechen und beginnen, dessen Argumentation zu zerpflücken. Sie provozieren dadurch Widerstand und erreichen kaum einen Wandlungsprozess.

- Hören Sie zu und fragen Sie nach.

- Nutzen Sie die Paraphrase, um Ihr eigenes Verstehen zu sichern, und signalisieren Sie das auch.

- Stimmen Sie zu, wo Sie zustimmen können, und machen Sie Gemeinsamkeiten deutlich.

- Entkräften Sie Argumente des anderen erst, wenn Sie eine stabile Beziehung aufgebaut haben.

- Wenn Sie Argumente entkräften oder widerlegen, vermeiden Sie konfrontative Redewendungen. Formulieren Sie so verbindlich wie möglich und lassen Sie Ihrem Gegenüber die Würde auch dann, wenn er Fehler macht.

- Verzichten Sie auf persönliche Angriffe oder die Herabwürdigung des anderen.

- Vermeiden Sie eine Debatte um „richtig" oder „falsch", also ein Gespräch, das zwangsläufig einen der Gesprächsteilnehmer am Ende zum Gewinner bzw. Verlierer macht. Menschen, die sich als Verlierer einer Diskussion sehen, sind selten überzeugt, sondern haben vor der Wortmacht und Überlegenheit des anderen kapituliert. Das mag kurzfristig einen Triumph ermöglichen, hat jedoch nicht die positiven Langzeiteffekte des wirklichen Überzeugens und ist somit nicht effizient.

Beispiele: Den Konfrontationskurs vermeiden

Konfrontativ: „Das stimmt so nicht. Herr Müller hat gesagt, dass ..."

Alternative: „Hm, ich habe von Herrn Müller gehört, dass ..."

Konfrontativ: „Frau Falter, da muss ich Ihnen klar widersprechen. Die Erkenntnisse der Studie X ..."

Alternative: „Frau Falter, Sie sagen, dass sich die Investition in ein solches Projekt nicht lohnt. In der Studie X ist ein interessanter Beitrag zu diesem Thema. Demnach kann es sich durchaus lohnen, wenn bestimmte Bedingungen erfüllt sind."

Konfrontativ: „Wenn Sie mehr Erfahrung hätten, dann würden Sie jetzt nicht so reden."

Alternative: „Ich verstehe Ihre Argumente. Ich selbst arbeite ja auch schon recht lange in diesem Feld und da habe ich die Erfahrung gemacht ..."

Mit einer Paraphrase oder einer gezielten Frage nach weiteren Argumenten anstelle einer Konfrontation lässt sich ein Gespräch auch bei unterschiedlichen Auffassungen konstruktiv weiterführen.

Beispiel: Konstruktiv bleiben

Konfrontativ: „Das ist doch Unsinn. Jeder weiß doch, dass…"

Alternative: „Sie haben gesagt, es macht keinen Sinn, Frau Meier noch einmal zu dieser Sache zu befragen. Wieso nicht?"

Zielorientiert agieren

Ob es sinnvoll ist, eine eher strittige Frage detailliert aufzuklären oder nicht, hängt sehr stark davon ab, wie Sie Ihr Ziel definiert haben. Klären Sie, was Sie zum Erreichen des Ziels wissen müssen. Streit über nebensächliche Dinge – häufig ein Ablenkungsmanöver der anderen Seite, um nicht zum Punkt kommen zu müssen – lohnt sich meist nicht.

Beispiele: Diskussionen über irrelevante Fragen abbrechen

„Ich sehe, wir sind da unterschiedlicher Ansicht. Diese Sache brauchen wir meines Erachtens jetzt hier auch nicht endgültig zu klären. Mir ist allerdings wichtig, dass wir in der Frage X eine Lösung finden."

„Ich verstehe Ihren Ärger. Aber die Sache liegt in der Vergangenheit und ist im Moment hier von uns auch nicht zu ändern. Mich interessiert allerdings, mit Ihnen zu schauen, wie wir in Zukunft …"

Persönlich formulieren

Persönlich formulieren bedeutet, deutlich zu machen, was man denkt, wozu man steht und wie die eigene Sicht der Dinge ist. Verstecken Sie sich nicht hinter verallgemeinernden und scheinbar allgemein gültigen Aussagen. Sie sollten als

Person und Persönlichkeit mit Ihren Werten und Vorstellungen wahrnehmbar sein.

Die Vorteile von persönlichen Formulierungen

In Ihrem beruflichen Umfeld werden Sie jedoch viele Menschen treffen, die sich – bewusst oder oft auch unbewusst –einen unpersönlichen Stil angewöhnt haben. Manchmal sind dies Personen, die dadurch andere einschüchtern (wollen). Daneben gibt es solche, die Sachlichkeit und Kompetenz mit Unpersönlichkeit verwechseln.

Unpersönlich – oft ein Zeichen von Unsicherheit

Nicht selten gibt es Vorgesetzte, die sich in ihrer Führungsrolle nicht wirklich sicher fühlen. Sie verstecken sich und ihre Unsicherheit hinter allgemeinen Formulierungen und Bewertungen. Solche Menschen stehen oft nicht zu ihren Aussagen. Dies verhindert den Kontakt zum anderen und macht sie scheinbar unangreifbar, da sie durch ihre Formulierungen vorgeben, allgemeine Wahrheiten von sich zu geben. Vorgesetzte mit einem unpersönlichen Redestil wirken dabei oft ruppig, rigide und autoritär. Hinter dieser Rüstung sind sie jedoch oft wenig souverän und wirken nicht überzeugend.

Beispiel: Unpersönliche Aussage führt zu Irritation

 Frau Dr. Falter, Leiterin der Abteilung Forschung & Entwicklung, hat ihren Vorgesetzten um ein Gespräch gebeten, weil sie mit ihm eine neue Projektidee diskutieren möchte. Er springt nicht so recht darauf an und sagt zu ihr: „Man soll solche Prozesse nicht unnötig forcieren."

Dies ist eine unpersönlich formulierte Aussage, die nicht eindeutig ist. Wer sagt, dass man solche Prozesse nicht unnötig forcieren soll? Ist das seine Meinung? Oder sind es wissenschaftliche Erkenntnisse? Ist das die Meinung seines Großvaters? Ist es Unternehmensstrategie?

Unpersönliche Aussagen verwischen den Hintergrund und machen nicht deutlich, was der Gesprächspartner eigentlich denkt und will. Solche Aussagen zeigen nicht unbedingt Souveränität und Führungsstärke. Die Alternative ist, stärker persönlich zu formulieren.

Durch „Persönlichkeit" überzeugen

Beispiel: Persönliche Aussage schafft Klarheit

 „Meine Erfahrung mit den Pharma-Leuten hat mich dazu gebracht, eher erst mal abzuwarten und solche Prozesse nicht unnötig zu forcieren."

Oder: „Ich bin mir in diesem Fall nicht sicher, ob es sinnvoll ist, diesen Prozess zu forcieren. Ich befürchte, dass ..."

Je nachdem, was der Hintergrund für die Meinung des Vorgesetzten von Karin Falter ist, könnten die Alternativformulierungen ganz unterschiedlich ausfallen. Die persönliche Formulierung macht zwar genau wie die unpersönliche Aussage klar, dass er das Projekt nicht befürwortet. Sie macht aber auch deutlich, dass *er* es ist, der es nicht möchte und nicht irgendeine, nicht genannte höhere Instanz („man"). Die Mitarbeiterin bekommt einen plausiblen Hinweis, wodurch diese Meinung fundiert ist.

Persönliche Formulierungen fördern die sachliche, inhaltlich fundierte Auseinandersetzung zwischen Menschen. Es geht um die Auseinandersetzung mit der Sache, in der die Einzelnen Farbe bekennen sowie Hintergründe und Argumente auf den Tisch legen. Letztlich obliegt die Verantwortung ohnehin der Führungskraft, und auch nach dem gegenseitigen Austausch der Argumente kann sie in ihrem Sinne entscheiden.

Beispiel: Persönlich und konstruktiv formulieren

 „Ihre Argumente haben durchaus etwas für sich und trotzdem bin ich in diesem Fall dafür, diesen Prozess nicht zu forcieren. Wir sollten erst einmal abwarten. Mein Vorschlag ist: Wir sehen mal, wie sich die Sache Ende der Woche entwickelt hat. Sollte das nicht in unserem Sinne sein, können wir immer noch eingreifen. Lassen Sie uns gleich einen Termin ausmachen."

Auch das Schlusswort für dieses Gespräch ist persönlich formuliert. Die Führungskraft steht als Person für die Entscheidung ein.

Eine unpersönlich formulierte Aussage am Ende der Diskussion wie: „Es macht keinen Sinn da einzugreifen" wäre weder gesprächs- noch beziehungsförderlich. Je nach Tonfall ist vielleicht die Autorität der Chef-Rolle zu spüren. Der Mitarbeiter merkt deutlich, er will nicht mehr darüber reden. Überzeugt ist er aber sicherlich nicht. Es mangelt bei einem solchen Ende an Klarheit, an Persönlichkeit, an Transparenz und der Möglichkeit, die Entscheidung nachzuvollziehen. Es ist eine pure Machtdemonstration, verbunden mit der Abwertung des Gegenübers, der anders denkt.

Persönlich formulieren – worauf kommt es an?

Unpersönliche Formulierungen sind natürlich nicht per se schlecht. Wenn sie aber eine Verschleierung von eigentlich persönlichen Ansichten sind, sind sie nicht gesprächsförderlich und schwächen die Wirkung des Sprechenden ab. Wenn Sie als souveräne Persönlichkeit für Ihre Sicht der Dinge einstehen wollen, sollten Sie folgende Tipps berücksichtigen.

Das Wörtchen „man"

Verzichten Sie auf den häufigen Gebrauch von „man" oder anderen verallgemeinernden Formulierungen. Sagen Sie „ich", wenn es Ihre Meinung oder Ihre Erfahrung ist. Eine starke Persönlichkeit braucht sich nicht hinter diffusen Formulierungen zu verstecken. Das Wörtchen „man" ist nicht tabu, aber es wird viel häufiger gebraucht als nötig.

Ich-Aussagen

Wenn Sie über andere sprechen, sollten Sie Ich-Formulierungen statt Du-Formulierungen verwenden. Sagen Sie also nicht: „Sie haben in letzter Zeit nicht sehr engagiert gearbeitet." So eine Aussage nennt man Du-Aussage – der Sprechende schreibt dem anderen etwas zu. Besser ist es zu sagen: „Ich habe den Eindruck, dass Sie in letzter Zeit nicht mehr so engagiert gearbeitet haben." In dieser Aussage findet der andere Sie durch die Verwendung des Wortes „Ich" als Person wieder, deshalb nennt man es auch Ich-Aussage. Der inhaltliche Kern ist der gleiche, aber die erste Aussage stellt die eigene Beobachtung als Faktum dar. Die zweite Aussage stellt die Beobachtung als das dar, was sie ist: nämlich als Eindruck, den man gewonnen hat.

Vorsicht: So rufen Sie eine Verteidigungshaltung hervor

Die Du-Formulierung wird vom Gesprächspartner meist als frontaler Angriff erlebt und hat eine entsprechend heftige Verteidigung, oft auch Gegenangriffe oder Verleugnungen zur Folge. Die Ich-Formulierung lädt eher zum Gespräch ein, der andere steht nicht unmittelbar unter dem Druck, sich verteidigen zu müssen. Er kann an dem Eindruck anknüpfen, den der andere gewonnen hat und seine Sicht der Dinge darstellen.

Nutzen Sie gerade bei konfliktträchtigen Gesprächen Ich-Aussagen. Verzichten Sie möglichst auf unpersönliche Formulierungen und Du-Aussagen. So tragen Sie aktiv dazu bei, der Eskalation von Konflikten entgegenzuwirken.

Gespräche steuern durch Metakommunikation

Der Begriff Metakommunikation bezeichnet das Sprechen über die Kommunikation, über das, was gerade im Gespräch läuft, wie es läuft oder wie es laufen soll. Die Vorsilbe „met(a)" kommt aus dem Griechischen und bedeutet ungefähr „jenseits, über, oberhalb".

Auf einer anderen Ebene kommunizieren

Mit der Metakommunikation wird also die Gesprächsebene gewechselt und das Geschehen von außen oder oben betrachtet. Auf der Meta-Ebene kann man sich über die Beziehung der Gesprächsteilnehmer untereinander äußern, über das Thema, die Situation und die Gesprächsorganisation.

Die Beziehung klären

Die Beziehung zu Ihrem Gegenüber ist die Basis, auf der die anstehenden Themen und Probleme besprochen werden. Irritationen, Störungen, Unsicherheiten oder Ärger können die Bearbeitung der Sachthemen erheblich beeinträchtigen. Im Sinne der Sache ist es in solchen Fällen oft günstiger, Sie sprechen die Störung offen und frühzeitig an und sorgen für Klärung, um sich dann wieder konzentriert der Bearbeitung der Sachfragen zuwenden zu können.

Beispiele: Irritationen regulieren

„Ich erlebe Sie heute so zurückhaltend. Ist irgend etwas?"

„Herr Schmidt, ich finde Ihren Umgangston Frau Mai gegenüber nicht o.k. Ich möchte, dass wir das klären, ohne einzelne Kollegen persönlich anzugreifen."

„Es stört mich, wenn Sie mich immer wieder unterbrechen. Lassen Sie mich bitte ausreden."

> Metakommunikation ist ein gutes Mittel, Probleme oder Unsicherheiten in der Beziehung anzusprechen und zu klären.

Metakommunikation zur Beziehungsklärung ist aber nicht nur ein Mittel zum Thematisieren negativer Störungen, sondern kann – ganz im Gegenteil – auch der Ausdruck von Freude und Zufriedenheit sein.

Beispiele: Positive Rückmeldung

„Ich schätze die Klarheit, mit der Sie auch die heiklen Punkte ansprechen, Frau Hansen."

„Es macht mir richtig Spaß, mit Ihnen hier zusammen neue Ideen auszuhecken."

Die Situation klären

Metakommunikation ist ein gutes Instrument, um sich in diffusen Situationen Klarheit zu verschaffen. Sie sind als Person gleichzeitig auch Ihr eigenes Messinstrument für die Atmosphäre, den Verlauf und die gesamte Einschätzung der Situation. Wenn Sie merken, hier stimmt etwas nicht, überlegen Sie kurz, woran es vielleicht liegen könnte. In vielen Situationen ist es hilfreich, die eigene Wahrnehmung zu thematisieren. So können Sie sich orientieren, was Sache ist und gezielt darauf eingehen.

Beispiele: Eigene Eindrücke ansprechen

„Ich habe das Gefühl, Sie sind mit dieser Lösung nicht so ganz zufrieden. Stimmt das?"

„Habe ich Sie überrumpelt mit meinem Vorschlag?"

„Sie schauen so kritisch. Was halten Sie von der Sache?"

Den Gesprächsverlauf klären

Metakommunikation kann man in einem Gespräch oder einer Diskussion nutzen, um kurz aus der eigentlichen Themenbearbeitung auszusteigen und sich darüber zu verständigen, wie am Thema gearbeitet wird. Metakommunikation ist dann ein Mittel zur Klärung und zur Verständnissicherung: Reden wir über das Gleiche? Was gehört zum Thema dazu, was nicht? Wie zufrieden bin ich mit dem Verlauf der thematischen Diskussion? Aus diesen Rückmeldungen können Sie im Anschluss oft auch Konsequenzen für die Gesprächsorganisation ziehen. Es wird deutlich: Wie machen wir weiter? Was wäre jetzt günstig?

Beispiele: Worüber reden wir?

„Ich blicke überhaupt nicht mehr durch. Worüber reden wir eigentlich?"

„Herr Kurz, Sie reden die ganze Zeit über Differenzerfahrung, ich weiß gar nicht, was das in diesem Zusammenhang soll."

„Ich bin sehr zufrieden mit den Ergebnissen, die wir erarbeitet haben."

Das Gespräch organisieren

Metakommunikation ist das Mittel schlechthin, um den Ablauf von Gesprächen und Diskussionen zu beeinflussen und zu steuern. Vorschläge zum Vorgehen und Ablauf des Gesprächs sind metakommunikative Äußerungen, die den Verlauf des Gesprächs maßgeblich prägen.

Beispiele: Gespräche steuern

„Wir haben bisher ausschließlich über die Nachteile der neuen Vorgaben geredet. Ich fände gut, wenn wir in der Diskussion stärker berücksichtigen, welche Vorteile uns diese Verfahrensvorgaben bringen."

„Ich denke, das ist jetzt ausreichend geklärt und wir können zum nächsten Punkt gehen."

„Ich schlage vor, dass wir uns erst mit der Projektauswertung befassen und uns anschließend das neue Marketing-Konzept von Frau Seidel anschauen."

Der Körper redet mit

Nicht allein der Inhalt zählt! Ihr gesamtes Auftreten trägt entscheidend zur Wirkung Ihrer Worte bei. Ihr Körper hat dabei ein gehöriges Wörtchen mitzureden.

In diesem Kapitel erfahren Sie,

- wie Ihre äußere Erscheinung auf Ihr Gegenüber wirkt,
- wie die Signale Ihres Körpers interpretiert werden,
- welche Wirkung Sie mit Ihrer Stimme erzielen und
- was männlicher und weiblicher Kommunikation gemeinsam ist.

Die äußere Erscheinung

„Kleider machen Leute" sagt der Volksmund – und da ist nach wie vor etwas dran. Das Äußere, also auch die Kleidung, ist das Erste, was Sie wahrnehmen und Ihnen Orientierung gibt. Ihre Reaktion dem anderen gegenüber wird davon bestimmt, wie Sie ihn in diesen Bruchteilen von Sekunden einschätzen. Seit Millionen von Jahren gehört diese blitzschnelle Einschätzung des anderen zum überlebenswichtigen Standard-Programm: Freund oder Feind? Gefährlich oder nicht?

Der erste Eindruck prägt

Auch heute ist diese rasche Erstorientierung beim Kontakt mit anderen Menschen ein zumeist unbewusst ablaufendes Standardprogramm. Ob wir wollen oder nicht, bei jeder Begegnung überprüfen wir in wenigen Sekunden unseren ersten Eindruck, gleichen die Beobachtung mit unserem Erfahrungsschatz ab und reagieren entsprechend.

So können uns fremde Menschen auf den ersten Blick spontan sympathisch oder unsympathisch sein, weil wir Erfahrungen mit anderen, uns ähnlich erscheinenden Menschen auf den Kontakt mit diesen übertragen. Wir begegnen uns also gewöhnlich mit Vor-Urteilen, die wir im Laufe eines Kontakts abbauen oder bestätigen können.

Ihr Gegenüber reagiert folglich nie alleine auf das, was Sie sagen, sondern auf Sie als gesamte Person. Er überprüft an Ihrem Äußeren, wie er Sie einzuschätzen hat. Das können Sie in weiten Teilen gar nicht beeinflussen, weil dabei natürlich auch Faktoren wie Geschlecht, Hautfarbe, Größe, Statur, Physiognomie und das sichtbare Alter eine Rolle spielen.

Andere Elemente Ihres Äußeren können Sie sehr wohl beeinflussen und damit indirekt die Wirkung steuern, die Sie auf andere haben. Dazu gehören z. B. Kleidung, Frisur, Schmuck und andere Accessoires. Auch wenn Sie sich selbst bewusst keine Gedanken um solche „Äußerlichkeiten" machen, bewirken Sie damit etwas. Ihre Kleidung transportiert eine Botschaft, anhand derer andere Sie einer bestimmten Gruppe oder einem bestimmten Typus zuordnen.

Wie Sie Ihre Wirkung einschätzen und einsetzen

Es ist vorteilhaft, wenn Sie Ihre Wirkung auf andere Menschen bzw. Gruppen von Menschen einigermaßen zuverlässig einschätzen können. So verstehen Sie die Reaktionen, die Sie hervorrufen, besser und schneller und können entsprechend handeln. Sie können dann etwaigen Fehleinschätzungen in Bezug auf Ihre Person gezielt entgegenwirken. Nicht immer jedoch ist eine Fehleinschätzung von Nachteil für Sie. Wenn man Sie beispielsweise unterschätzt, können Sie diesen Vorteil auch nutzen.

Beispiel: Fehleinschätzung anderer nutzen

 Die junge Erbin einer großen deutschen Brauerei übernahm bei Antritt ihres Erbes auch die Geschäftsführung. Sie war Anfang 30, zierlich, hellblond und nach herkömmlichem Maßstab ausgesprochen attraktiv. Auf die Frage, ob sie es als Frau in diesem Job schwer habe, antwortete sie in einem Interview, nein, dies sei

nicht der Fall. Im Gegenteil. Bei Verhandlungen erlebe sie regelmäßig, dass ihre männlichen Gesprächspartner sie unterschätz-
ten, unvorsichtig und vertrauensseliger als normal seien, so dass
sie durch ihr unbesonnenes Verhalten deutliche Informations-
vorteile habe. Nachher seien sie dann immer ziemlich überrascht,
wenn sie feststellen, wie knallhart sie ihre Interessen durchsetzt.

> Eine realistische Selbsteinschätzung in Bezug auf die eigene Wirkung ist
> eine große Hilfe in der Gesprächsführung, weil man sie dann entweder für
> sich nutzen oder ihr im negativen Fall gezielt entgegenwirken kann.

Kleidung als Eintrittskarte

In welchem Maß stellen wir die veränderbaren Anteile unserer
Erscheinung in den Dienst unseres Gesprächsziels? In vielen
beruflichen Feldern ist das ganz selbstverständlich. Consul-
tants mit Kundenkontakt kleiden sich möglichst gut und
korrekt. Ihre Seriosität und Vertrauenswürdigkeit und die ihrer
Firma werden zunächst einmal über ihr Äußeres definiert. Eine
bestimmte Art der Kleidung ist hier sozusagen Voraussetzung
für den Einlass. Erst im vertieften Kontakt zählen Beziehungs-
fähigkeit und Kompetenz.

Wer mit Anzug, Hemd und Krawatte zur Teamsitzung eines
Drogenberatungszentrums geht, um sich als neuer Mitarbeiter
vorzustellen, wird jedoch erst einmal mit Widerstand und
Vorurteilen zu tun haben, bis man sich evtl. auf ihn und seine
Inhalte einlässt. Erinnern Sie sich, wie viele Jahre es gedauert
hat, bis man nicht mehr in jedem Artikel Kommentare über
Angela Merkels Frisur und Kleidung lesen musste, sondern es
um die Inhalte ging, die sie vertritt?

Kleidung kann also Kommunikationsbarrieren auf- und abbauen. Ganz gleich, ob Sie sich dafür entscheiden, sich an die jeweilige Norm anzupassen oder nicht, Sie werden auf alle Fälle mit der entsprechenden Wirkung Ihrer Entscheidung zu tun haben.

Schätzen Sie Gesprächsbarrieren ein

Die Wahl der Kleidung und Ihre Gesamterscheinung haben Auswirkung darauf, wie Sie aufgenommen werden, wie leicht oder schwer es Ihnen fallen wird, schnell eine sachorientierte Beziehung aufzubauen. Anpassung kann dabei nicht immer eine Lösung sein. Lehrerinnen, die sich anziehen wie ihre Schülerinnen, stoßen dadurch nicht unbedingt auf höhere Akzeptanz. Hilfreich ist jedoch zu wissen, wann Ihr Aussehen oder Ihre Kleidung eine mögliche Barriere im Kontakt zu anderen darstellt. So können Sie im Vorfeld entscheiden, wie Sie mit dieser Problematik umgehen.

Checkliste: Aussehen/Kleidung

- Überlegen Sie vor einem wichtigen Gespräch, welche Wirkung Sie als Person vermutlich auf Ihr Gegenüber haben werden. Mit welchen Vorurteilen, Befürchtungen oder Pluspunkten können oder müssen Sie rechnen?

- Welche (ungeschriebene) Kleiderordnung gibt es im Umfeld Ihres Gesprächspartners? Wollen Sie sich daran anpassen? Wenn nicht, was hat dies evtl. für Folgen?

- Wenn Sie aus beruflichen Gründen Kleidung tragen müssen, die nicht Ihrer persönlichen Neigung entspricht, wählen Sie unter den gegebenen Möglichkeiten solche Kleidungsstücke, die noch am ehesten Ihrem eigenen Geschmack entsprechen. Wichtig ist, dass Sie sich auch in dieser zweckorientierten Kleidung so wohl wie möglich fühlen.

- Achten Sie – besonders als Frau – darauf, dass Sie sich in Ihrer Kleidung frei und sicher bewegen können. Mit hohen Absätzen, auf denen Sie keinen sicheren Halt haben, und in Röcken, die zu eng oder zu kurz sind, werden Sie schwerlich einen souveränen Eindruck machen.

- Kleidung und Schmuck können Signalwirkung haben. Überlegen Sie sich vorher, ob Ihr Äußeres Ihrem inhaltlichen Anliegen entspricht.

Was man sieht

Körpersprache ist nichts Zusätzliches, was zur eigentlichen sprachlichen Aussage als schmückende Beigabe hinzukommt. Der Körper spricht auch keine eigene Sprache, sondern die Kommunikation vollzieht sich mit dem ganzen Körper. Die Produktion von Lauten und Worten ist ein körperlicher Vorgang, wie auch das Verstehen ein sinnlicher und damit körperlicher Vorgang ist. Auch verarbeiten wir gesprochene Sprache und das, was wir dabei sehen, nicht getrennt.

Wie wir verstehen, was wir sehen und hören

Zum Verstehen werten wir alle wahrgenommenen Signale aus. Dabei läuft vieles unbewusst ab. Das heißt, wir nehmen etwas wahr, reagieren darauf, können aber gar nicht genau benennen, wie wir zu diesem Eindruck gekommen sind. Wir nehmen viele verschiedene Signale gleichzeitig auf und verarbeiten sie: den Blick, den Gesichtsausdruck, die Körperbewegungen, die Körperhaltung, die Worte selbst, den Stimmklang, die Sprechmelodie, die Betonung, das Tempo (mehr zum Thema siehe Abschnitt „Was man hört"). Aus der Gesamtheit aller Signale konstruieren wir den Sinn des Gesagten, schätzen die Person und die Situation ein.

> Isoliert betrachtete Körpersignale haben keinen verlässlichen Aussagewert. Pauschale Zuordnungen wie „Vor dem Körper verschränkte Arme signalisieren Ablehnung" sind deshalb wissenschaftlich nicht haltbar.

Kann man Körpersprache richtig interpretieren?

Körpersprache lässt sich nicht 1:1 übersetzen, sondern sollte immer in Zusammenhang mit den anderen wahrgenommenen Eindrücken und im Kontext der jeweiligen Situation gesehen und beurteilt werden.

Beispiel: Verschränkte Arme

Frau Meier unterhält sich mit ihrem Kollegen. Sie stehen sich schräg gegenüber. Frau Meier hat die Arme vor dem Körper verschränkt.

Standard-Interpretation in vielen Körpersprachebüchern für
die Geste ‚Arme vor dem Körper verschränkt' ist: ‚Die Person
bringt eine distanzierte Haltung zum Ausdruck.' Der Kollege
müsste also schließen, sie will nicht mit ihm reden oder ist
kritisch ihm gegenüber.

Es gibt für die Geste von Frau Meier allerdings noch mehr
Deutungsmöglichkeiten: Es könnte sein, dass sie friert und
deshalb die Arme verschränkt oder dass sie sich unsicher fühlt
und dieses Gefühl durch das Sich-selbst-Festhalten etwas
abgemildert wird. Es könnte sein, dass sie wütend ist und
entschlossen Widerstand leistet. Vielleicht will sie tatsächlich
auf Distanz gehen und sich von ihrem Gesprächspartner
abgrenzen. Was auch immer es mit diesen verschränkten
Armen auf sich hat, es lässt sich nur in der jeweiligen
Gesprächssituation einigermaßen zuverlässig entschlüsseln,
wenn alle anderen Hinweise auch berücksichtigt werden:
Lächelt sie dabei? Was sagt sie? Wie schaut sie ihr Gegenüber
an? Wie viel Spannung hat ihr Körper? Wie ist ihr Tonfall? Wie
klingt ihre Stimme? Die Interpretation von Körpersprache ist
also situationsabhängig.

Was aber kann man aus der Körpersprache eigentlich ablesen?
Viele Menschen fragen hier nach, obwohl sie es selbst unentwegt tun: Sie nehmen die körperlichen Signale anderer wahr,
verarbeiten diese und ziehen Rückschlüsse daraus. Diese
Rückschlüsse basieren auf den Erfahrungen, die sie im Laufe
ihres Lebens im Allgemeinen oder konkret mit dieser Person
gemacht haben. Eine richtige oder auch falsche Interpretation
kann es dabei genauso geben wie auf der sprachlichen Ebene

auch. Die Frage, wann die Interpretation eines körpersprachlichen Ausdrucks „richtig" oder „falsch" ist, lässt sich aber nicht pauschal beantworten. Das kann nur aus der jeweiligen Situation mit dem jeweiligen Gegenüber erschlossen werden.

Der Körper als Ausdrucksmittel

Alles, was Ihr Gesprächspartner bei Ihnen sieht, gehört zu Ihren körpersprachlichen Ausdrucksmitteln. Sie nutzen diese täglich. Wie Sie stehen, wie Sie jemanden anschauen, wie Sie sich hinsetzen, wie viel Raum Sie einnehmen, wie klein oder breit Sie sich machen oder wie viel Spannung Ihr Körper ausdrückt. Dazu gehört auch, wie Sie mit Ihrem Gesichtsausdruck und Ihren Gesten das, was Sie sagen oder hören begleiten. Wie Sie Ihren Körper– meist unbewusst – als Instrument im Gespräch nutzen, hat durchaus Einfluss auf die Wirkung dessen, was Sie sagen.

Sich Gehör verschaffen

Beispiel: Zu wenig Wirkung

 Teambesprechung in der wenig hierarchisch orientierten Projektgruppe einer Multimedia-Agentur. Christa Selzer, anerkanntermaßen kompetent und erfahren in diesem Metier, ist unzufrieden mit dem bisherigen Verlauf des Projekts und möchte Änderungen in der Vorgehensweise vorschlagen. Die Sache ist ihr unangenehm, weil sie dadurch auch Kritik an Kollegen üben muss; andererseits ist es ihr so wichtig, dass sie es nicht so einfach weiterlaufen lassen will.

So bringt sie ihre Änderungsvorschläge ein, sachlich fundiert, konkret, inhaltlich verständlich. Sie spricht leise und schnell, versucht, niemanden direkt anzusehen, sitzt nach vorne gebeugt

> mit hängenden Schultern. Nachdem sie ihre Rede beendet, bleibt
> die Reaktion der Mitarbeiter aus. Kurz darauf diskutiert die Runde
> bereits über ein anderes Thema.

Warum ist Christa Selzer mit ihrem Anliegen „untergegan-
gen"? Sie sprach relativ leise, vielleicht weil es ihr unangenehm war, als „Besserwisserin" aufzutreten. Sie suchte wenig
Blickkontakt zu ihren Kollegen, weil sie niemandem Vorwürfe
machen wollte. Da sie nicht aufgerichtet saß, erschien sie
kleiner als sie ist. Ihr ganzes Auftreten wirkte deshalb zöger-
lich und entschuldigend. Der Ernst ihrer Kritik und ihres
Anliegens wurde weder durch ihre Körperhaltung noch durch
entsprechende Energie beim Sprechausdruck vermittelt. Bei
den Kollegen entstand nicht der Eindruck von Relevanz.

> Mit ihren körpersprachlichen Ausdrucksmitteln signalisieren Sie anderen,
> wie Sie etwas verstanden haben wollen, wie wichtig Ihnen eine Sache ist,
> und wie Sie zu sich, den anderen und Ihrem Anliegen stehen.

Mehr Sicherheit durch Selbstklärung

Entsprechen Ihre körpersprachlichen Signale nicht Ihrem Anliegen, so schwächt dies die Wirkung sehr ab. Im Fall von
Christa Selzer gab es zwei Botschaften. Die eine eher durch
den Körperausdruck vermittelte: ‚Es ist mir unangenehm, Euch
zu kritisieren. Am liebsten würde ich es gar nicht sagen.' Die
andere, sprachliche: ‚Wir müssen etwas ändern.' Durchgesetzt
in der Wahrnehmung der anderen hat sich die körpersprachliche Botschaft, entsprechend war die Reaktion. Man hat es
überhört. Was können Sie dafür tun, dass Ihre Körpersprache
Ihr Gesprächsanliegen unterstützt?

- Machen Sie sich ambivalente Gefühle in der Vorbereitung auf eine Situation klar. Benennen Sie die verschiedenen Stimmen.

- Überlegen Sie, ob und wie Sie in der Situation Ihren verschiedenen inneren Anteilen bewusst Ausdruck geben können. Was Sie in Worte fassen können, muss sich nicht über für Sie kaum steuerbare Kanäle seinen Weg suchen.

- Entwerfen Sie eine stimmige Formulierung, um Ihr Anliegen vorzubringen.

Beispiel: Ambivalenzen offen ansprechen

 Christa Selzer: „Wir sind schon so weit fortgeschritten mit dem Projekt. Aber ich muss doch noch mal was ganz Grundsätzliches mit euch besprechen. Mir ist das ziemlich unangenehm, weil es unseren Fahrplan durcheinander bringt. Ich halte es aber für so wesentlich, dass ich diese Diskussion mit euch führen möchte. Also der Ablaufentwurf von Marc ist ..."

Wenn Sie selbst in Diskussionen öfters überhört werden, ist es sinnvoll, genauer zu beobachten, welche Ausdrucksmuster Sie in der Regel zeigen (dazu mehr auf den folgenden Seiten). Warum fällt es den anderen so leicht, Sie zu überhören? Das Feedback anderer auf die eigene Wirkung kann hier ebenfalls sehr aufschlussreich sein und Entwicklungspotenziale aufzeigen.

Eigene Ausdrucksmöglichkeiten kennen und ausschöpfen

Bei der Erweiterung Ihrer Gesprächskompetenz wird es Ihnen helfen, wenn Sie Ihre eigenen Ausdrucksmuster kennen, möglicherweise hinderliche Gewohnheiten verändern und Ihr persönliches Repertoire optimal nutzen können.

Dabei geht es nicht darum, so zu sein oder zu sprechen wie jemand anderes, sondern die eigenen, individuellen Ausdrucksmöglichkeiten auszuschöpfen. Ein introvertierter, eher ruhiger Typ wird kaum stark expressive Gestik und Mimik nutzen, weil es seinem Wesen nicht entspricht. Er muss aber auch nicht monoton und regungslos vor sich hin sprechen, weil das seinem inhaltlichen Anliegen nicht dienlich ist.

Haltung zeigen

Der Eindruck, den andere von Ihnen gewinnen, wird maßgeblich von Ihrer Körperhaltung und der damit verbundenen Ausstrahlung mitbestimmt. Aufrecht oder eher gebeugt, steif oder locker, matt oder energiegeladen?

Die richtige Körperhaltung im Stehen und Sitzen

- Für das Sprechen ist eine lockere, aufrechte Körperhaltung ideal. Die Atmung kann dann ungehindert fließen und die Stimme hat mehr Resonanz. Ist der Oberkörper locker aufgerichtet, wirken Sie sicherer, als wenn Sie sich „klein" machen, den Rücken krümmen und die Schultern nach vorn fallen lassen.

- Im Sitzen können Sie diese Haltung am besten einnehmen, wenn das Becken aufgerichtet ist, also nicht nach hinten wegkippt. Sie haben mehr Halt und Sicherheit, wenn die Füße auf der Erde stehen. Setzen Sie sich richtig breit und schwer auf die Sitzfläche. Je stabiler der Sitz, umso lockerer und freier kann der Oberkörper agieren.

- Auch beim Stehen ist Stabilität wichtig. Füße etwa hüftbreit auseinander (Maßstab sind die Hüftknochen), lockere Knie und ein aufgerichteter Oberkörper (Schultern eher zurück) sind eine gute Ausgangshaltung fürs Sprechen.

Die richtige Spannung

Haltung und Körperspannung sind eng miteinander verbunden. Locker und aufgerichtet fühlen Sie sich sicherer, wirken souveräner und kommen mit Ihren Inhalten auch besser rüber. Eine mittlere Körperspannung, nicht relaxed, aber auch nicht überspannt, ist eine gute Arbeitshaltung im Gespräch. Ihr Kopf ist dann klarer und Ihre geistige Flexibilität größer.

- Nehmen Sie einen stabilen aufrechten Sitz oder Stand ein. Aufgerichtet kann der Körper sich am mühelosesten ausbalancieren und eine mittlere Spannung halten.

- Wissen Sie, dass Ihnen ein schwieriges Gespräch bevorsteht, achten Sie darauf, dass Sie genügend lange ausatmen. Stress führt oft zu Hochatmung, also kurzem, flachem, häufigem Einatmen in den oberen Brustkorb. Dadurch steigt die Spannung im Körper. Langes Ausatmen hingegen entspannt und lockert.

- Nehmen Sie eine Haltung ein, in der Arme und Beine locker sein können. Festklammern an einem Gegenstand oder festes Verschränken von Armen oder Beinen erhöhen die Spannung im Körper.

- Wissen Sie, dass Sie zu Über- oder Unterspannung neigen, ist ein gezieltes Training zur Spannungsregulierung wie Progressive Muskelentspannung oder Autogenes Training hilfreich. Aber auch viele asiatische Disziplinen wie Yoga, Tai Chi und Qi Gong können Ihnen helfen.

Dem anderen in die Augen schauen

Blickkontakt ist in unserem Kulturkreis ein wichtiges Transportmittel für Inhalte und – beim Zuhören – ein Signal der Aufmerksamkeit.

Mit dem Blick wird das, was ich sage, adressiert. Die Intensität meiner Botschaft hängt also auch von meiner Fähigkeit zur visuellen Kontaktaufnahme ab. Blickkontakt heißt dabei nicht, dem anderen ununterbrochen in die Augen zu starren, sondern immer wieder mit Unterbrechungen den Augenkontakt zu suchen. Neigen Sie dazu, Blickkontakt zu meiden, können Sie auf andere distanziert, abweisend oder auch unsicher wirken. Das erschwert die Beziehung zu Ihrem Gesprächspartner und Sie bringen Ihre Worte um einen Teil ihrer Wirkung.

Wie viel Augenkontakt erlaubt und gewünscht ist, ist übrigens kulturell verschieden. Im asiatischen Kulturkreis z. B. wird der bei uns übliche, längere Blickkontakt als aggressiv und respektlos empfunden.

Mit Händen und Füßen – die Gestik

Gesten sind natürliche, redebegleitende und unterstützende Ausdrucksmittel. Ihr Gebrauch ist kulturgeprägt, aber auch innerhalb einer Kultur individuell verschieden. Temperamentvolle Menschen neigen dazu, mehr zu gestikulieren als eher ruhige Typen.

Mit den Händen sprechen

Menschen, die nur wenig oder gar nicht gestikulieren, neigen auch von der Betonung und Sprechmelodie her zu Monotonie. Tendenziell bilden sie kompliziertere Sätze, haben mehr Versprecher und bleiben häufiger stecken. Es fällt schwerer, ihnen für längere Zeit aufmerksam zuzuhören.

Der Einsatz von Gestik verbessert also den Sprechausdruck und damit die Verständlichkeit insgesamt. Mit Einsatz von Gestik ist nicht das Einüben bestimmter Gesten für bestimmte Redepassagen gemeint, sondern der natürliche Fluss von Gesten, der sich von selbst einstellt, wenn Sie sich sicher fühlen und jemandem etwas erklären oder erzählen. Je angespannter oder unsicherer Sie sind, desto sparsamer wird Ihre Gestik. Entsprechend wenig überzeugend sind Sie. Wie Sie das Ihnen eigene Ausdrucksrepertoire nutzen können?

- Für den natürlichen Einsatz von Gesten brauchen Sie ein gewisses Maß an innerer Sicherheit und körperlicher Lockerheit. Sorgen Sie also durch gute Vorbereitung für inhaltliche Sicherheit und bringen Sie Ihren Körper in eine lockere, aufgerichtete Grundhaltung.

- Halten Sie Ihre Hände eher auf Höhe der Körpermitte, damit diese für Gestik „einsatzbereit" sind – bei Gesprächen am Tisch also auf (statt unter) dem Tisch und bei Reden im Stehen in Höhe der Taille.

- Fesseln Sie sich nicht selbst, indem Sie die Hände ineinander verschränken, sich an etwas festhalten, die Hände in die Hosentaschen oder auf den Rücken verbannen.

> Der natürliche Gebrauch von Gestik unterstützt die sinnvolle Betonung beim Sprechen, hilft dem Zuhörenden, Inhalte nach ihrer Bedeutung zu gewichten und verstärkt Ihre persönliche Wirkung.

Mit Gestik Spannungen abbauen

Gestikulieren ist ein Mittel, beim Sprechen innere Spannungen auf natürliche Weise loszuwerden. Behindern Sie Arme und Hände, entlädt sich der Bewegungsdrang oft in andere Körperteile. Hier unterstützt er jedoch nicht unbedingt Ihre Rede, sondern lenkt eher davon ab, wie z.B. das Fußwippen, auf dem Stuhl Rutschen, das Herumgehen beim Reden oder das Herumspielen mit einem Gegenstand.

Was das Gesicht uns zeigt – die Mimik

Ihr Gesichtsausdruck gibt Ihrem Gegenüber Informationen darüber, wie er Sie, Ihre Haltung zu einer Sache oder Ihre Beziehung zu ihm einschätzen soll. Eine Vielzahl von Muskeln ermöglicht eine sehr differenzierte Ausdruckspalette, die Sie nur sehr bedingt steuern können. Mimik begleitet Ihr Denken und Fühlen unentwegt, sowohl beim Sprechen als auch beim

Zuhören. Sie werden im Gespräch die Worte niemals losgelöst von der Mimik einer Person interpretieren.

Stimmige Signale senden

Passen Mimik und Inhalt der Worte nicht zusammen, neigen Menschen dazu, dem körperlichen Ausdruck mehr Gewicht beizumessen als den Worten. Zu unterschiedlichen Signalen zwischen dem gesprochenen Wort und der Mimik bzw. der restlichen Körpersprache kommt es häufig, wenn man in Bezug auf eine Situation verschiedene Gefühle und Gedanken hat. Die unterdrückten Stimmen, die oft emotionalen Charakter haben, schleichen sich dann auf anderen Wegen in die Kommunikation ein und werden von einem aufmerksamen Gegenüber wahrgenommen.

Beispiel: Was will er wirklich sagen?

Michael Klose, Projektleiter in einem Verlag, hat ein Gespräch mit einer jungen Mitarbeiterin anberaumt. Zur Vorbereitung auf dieses Gespräch hatte sie den Auftrag sich zu überlegen, welche Aufgabenbereiche einer demnächst ausfallenden Kollegin sie übernehmen könne. Er fragt sie, was sie sich überlegt hat. Sie sagt, sie wisse nicht, was sie übernehmen könne. Herr Klose ist sehr ärgerlich und genervt, will aber als guter Chef sachlich bleiben. Von den Worten her gelingt ihm das. „Ja, also, wenn du selbst keine Vorstellungen hast, dann werde ich dir Aufgaben übertragen". Sein Gefühl des Ärgers ist jedoch so groß, dass es durch jeden körpersprachlichen Kanal dringt. Sein Gesicht ist hart und angespannt. Seine Betonung scharf, das Sprechtempo schnell. Seine Erregung ist so deutlich sicht- und spürbar, dass sie neben den harmlosen, offensichtlich kapitulierenden Worten nicht verständlich und zudem bedrohlich ist.

Gefühle in Worte fassen

Wenn Sie starke Gefühle in einer Gesprächssituation empfinden, ignorieren Sie diese nicht. Benennen Sie diese Gefühle
und überlegen Sie, ob es in dieser Situation möglich und
verantwortbar ist, sie in Worte zu fassen. Herr Klose hätte in
diesem Fall sagen können:

Beispiel: Klare Verhältnisse

 „Martina, ich hatte dir einen klaren Auftrag gegeben. Du solltest
Vorschläge für Arbeitsfelder machen, die du übernimmst. Du
kommst jetzt und sagst, ich habe keine Vorschläge. Das ärgert
mich sehr."

Die Mimik und der sachliche Inhalt der Worte wären dann
stimmig. Martina wüsste genau, worum es geht und wäre
gezwungen, sich mit dem Inhalt des Ärgers auseinander zu
setzen, statt ihn nur diffus zu spüren. Außerdem nimmt durch
die Äußerung der Gefühle auch der innere Druck beim Sprechenden selbst ab. Die Chance, mit dem anderen konstruktiv
eine Lösung zu erarbeiten und nicht in ein autoritäres Schema
zu verfallen, ist dann deutlich größer.

Was man hört

Nicht nur, was Sie sagen, sondern auch wie Sie es sagen, ist
für Ihren Gesprächspartner aufschlussreich. Er kann daraus
schließen, wie Sie etwas meinen: Behaupten Sie etwas oder
fragen Sie, sind Sie Ihrer Sache sicher oder zweifeln Sie, ist es
Ihnen wichtig oder nicht. Ausflüchte wie „Was regst du dich
denn so auf, ich hab doch nur gesagt ..." beziehen sich nur auf

den Wortlaut. Doch manchmal ist es gar nicht der Wortlaut, der die Provokation auslöst, sondern die Art, wie es gesagt wird. Wie heißt es so schön? Der Ton macht die Musik. Die Betonung, die Lautstärke, das Tempo – all das beeinflusst die Verständlichkeit und die Wirkung dessen, was Sie sagen. Ihnen stehen dabei vielfältige hörbare Ausdrucksmittel zur Verfügung.

Wie Ihre Stimme wirkt

Durch die Stimme werden Ihre Worte erst hörbar. Sie ist Medium und Ausdrucksmittel gleichermaßen. Ist sie leise, wird man Schwierigkeiten haben, Sie zu verstehen. Ist sie angespannt oder zu hoch, kann man Sie zwar verstehen, aber es ist auf Dauer anstrengend, Ihnen zuzuhören.

So können Sie den Stimmklang verbessern

Den besten Klang hat die Stimme, wenn Sie in Ihrer Indifferenzlage sprechen. Das ist der Tonbereich, in dem man mit einem Minimum an Aufwand den vollsten Klang erzielt. Die Indifferenzlage liegt meist in der Nähe des Tons, den Sie produzieren, wenn Sie jemandem zuhören und als Signal Verstehenslaute wie „hm" oder „aha" von sich geben. Dauerhaftes höheres oder tieferes Sprechen strengt Sie und auch Ihre Zuhörer an. Was Sie für die Verbesserung Ihres Stimmklangs tun können:

- Grundsätzlich klingt Ihre Stimme besser, wenn Sie aufrecht und locker sitzen oder stehen. Achten Sie also auf eine entsprechende Körperhaltung.

- Versuchen Sie ein Gefühl für das Sprechen in Ihrer Indifferenzlage zu bekommen. Übungsweise können Sie Folgendes ausprobieren: Das Telefon klingelt, Sie nehmen noch nicht ab, produzieren mehrmals ein entspanntes, lockeres „hm", als wollten Sie jemandem beim Zuhören Verstehen signalisieren. Dann melden Sie sich ausgehend von dieser Tonlage.

- Die Stimme hat mehr Resonanz, wenn der Mund- und Halsraum locker und geweitet sind. Großzügige Kaubewegungen (auch ohne etwas zu essen), gähnen, Zunge herausstrecken sind Übungen, die diesen Raum erweitern.

- Menschen, die eher leise sprechen, sollten besonders auf eine exakte Artikulation achten. Mangelnde Stimmkraft lässt sich in einem gewissen Maß durch eine deutlichere Artikulation ausgleichen.

Klar und deutlich – die Artikulation

Ein wichtiger und entscheidender Teil für die Verständlichkeit und Wirkung von Worten ist die Artikulation. Wie bilden Sie die Laute, Wörter und Sätze? Kann man Sie gut verstehen oder nuscheln Sie vor sich hin? Ist der Kiefer locker genug, dass sich der Stimmklang auch entfalten kann oder kriegen Sie die Zähne nicht auseinander? Müssen Ihre Gesprächspartner oft nachfragen?

Doch auch wenn andere nicht nachfragen, gut verständlich artikulierte Worte vereinfachen den Hör- und Verstehensprozess. Die Menschen können sich mit den Inhalten des Gesagten auseinandersetzen und bleiben nicht auf der Ebene des Entschlüsselns – was hat er gesagt? – stehen.

Wenn Sie Laute oder Endsilben verschlucken, haben Sie hier ein gutes Übungsfeld, die Verständlichkeit und damit auch die Wirkung Ihrer Worte zu erhöhen.

Die Melodie beim Sprechen

Die Melodieführung beim Sprechen gibt Ihrem Gegenüber wichtige Hinweise zum Entschlüsseln des Sinns Ihrer Sätze. Sie geben durch die Tonhöhen-Veränderung Hinweise, wie Sie zu verstehen sind. Ist ein Gedanke zu Ende, dann gehen Sie mit der Stimme herunter; wollen Sie weitersprechen, bleiben Sie mit der Stimme in der Schwebe. Auch ob Sie etwas als sicher ansehen, fragen oder zweifelnd sind, machen Sie durch die Melodieführung deutlich, dann gehen Sie mit der Stimme am Satzende nach oben. Ein und der gleiche Satz hat eine unterschiedliche Bedeutung, je nachdem, ob Sie am Ende die Stimme senken oder heben.

Beispiel: Die Sprechmelodie variieren

„Herr Pfeil ist im Büro"
Sprechen Sie diesen Satz so, dass das „o" von Büro stimmlich am höchsten ist, weiß jeder, dass dieser Satz fragend gemeint ist (Herr Pfeil ist im Büro?). Sprechen Sie ihn so, dass das „o" stimmlich die tiefste Stelle des Satzes ist, hören andere diesen Satz als sichere Aussage.

Die Folgen irreführender Melodieführung

Wenn Sie Inhalte zwar eindeutig und klar formulieren, am Satzende jedoch in einer schwebenden oder sogar fragenden Tonhöhe bleiben, transportieren Sie trotz eindeutiger Formulierung ungewollt den Zweifel an Ihrer eigenen Aussage. Auch Personen, die sehr schnell sprechen oder aufgeregt sind, neigen dazu, die Stimme am Satzende nicht zu senken.

Diese nicht sinngemäße Melodieführung hat Auswirkungen: Die Zuhörer verlieren ein wichtiges Orientierungsmerkmal zur Gliederung Ihrer Inhalte. Die Verständlichkeit lässt deutlich nach und damit auch die Chance, dass Ihr Gegenüber die Information angemessen verarbeitet. Vieles, was Sie sagen, geht dann einfach verloren. Außerdem ist es für den Zuhörer anstrengend, Menschen zuzuhören, die ihre Stimme am Satzende nicht senken. Sie machen zwangsläufig weniger Sprechpausen und werden zunehmend atemlos. Die Dauerspannung überträgt sich auf die Zuhörenden, die dies selten angenehm finden und im Zweifelsfalle zwischenzeitlich „abschalten" und nicht mehr hinhören. Wie können Sie das vermeiden?

- Senken Sie am Ende eines Aussage-Satzes die Stimme.

- Produzieren Sie kürzere, überschaubare Sätze. Die sind leichter sinnvoll zu betonen und abzuschließen.

- Machen Sie kurze Sprechpausen zwischen aufeinander folgenden Aussagen, Informationen und Argumenten.

- Lassen Sie in der Sprechpause den Kiefer locker, so dass die Lippen ganz leicht geöffnet sind. Das entspannt Mundraum, Kehlkopf und Zwerchfell.

Die richtige Lautstärke

Die Lautstärke Ihrer Redebeiträge richtet sich gewöhnlich nach der jeweiligen Situation. Wollen Sie im Gottesdienst Ihrem Nachbarn etwas unauffällig mitteilen, werden Sie sich wahrscheinlich zum Flüstern entschließen. In einem Rockkonzert müssen Sie schon brüllen. Es geht also in der Kommunikation um eine für den Raum, den Inhalt, die Personenzahl und die Situation angemessene Lautstärke.

Zu leises Sprechen

Manche Menschen sprechen gewohnheitsmäßig leise und damit – je nach Situation – nicht in der angemessenen Lautstärke. Dies ist für die Zuhörenden sehr anstrengend. Sie müssen sich beim akustischen Verstehen so bemühen, dass sie sich entsprechend weniger auf die Inhalte konzentrieren können. Hinzu kommt, dass eine leise Stimme oft als ein Mangel an Selbstsicherheit gedeutet wird. Dies kann die Wirkung der Beiträge negativ beeinflussen. Es wird Ihnen leichter fallen, gehört zu werden, wenn Sie die Hinweise zum Stimmklang berücksichtigen. Das Sprechen mit einer der Situation angemessenen Lautstärke sollte Sie dabei nicht anstrengen, sondern mühelos gehen.

Wie wichtig Betonung ist

Beim Reden variieren wir die Lautstärke und können damit einzelne Wörter, Sätze und Satzteile besonders hervorheben. Umgangssprachlich nennt man dies Betonung, in der Fachsprache redet man von „dynamischem Akzent".

Beispiel: Die Betonung verändert die Bedeutung

„Herr Pfeil ist heute im Büro." Je nachdem, welches Wort Sie in diesem Satz betonen, bekommt er eine andere Bedeutungsnuance.

„*Herr* Pfeil ist heute im Büro" – also Herr Pfeil und nicht Frau Pfeil.

„Herr *Pfeil* ist heute im Büro" – also Herr Pfeil und nicht Herr Selzer.

„Herr Pfeil ist *heute* im Büro" – also er ist heute im Büro, nicht morgen.

„Herr Pfeil ist heute im *Büro*" – also er ist im Büro, nicht beim Kunden.

Somit ist die Betonung ein wichtiges Merkmal der Sinnvermittlung. Monotones, gleichförmiges Sprechen erschwert die Sinnerfassung. Mit dynamischen Akzenten steuern Sie, wie Sie Ihre Worte verstanden wissen wollen.

Das richtige Sprechtempo

Es gibt kein grundsätzlich richtiges Sprechtempo. Ziel ist, dass Ihr Gegenüber Sie versteht und die Information gut verarbeiten kann. Dies hängt natürlich auch von Ihrem Gesprächpartner und seiner Vertrautheit mit dem jeweiligen Thema ab. Wenn Sie sich auf den anderen wirklich einlassen, werden Sie Ihr Tempo intuitiv auf die andere Person und ihre Verarbeitungskapazität einstellen. Sind Sie sehr mit sich beschäftigt oder halten wenig Blickkontakt, ist dies natürlich schlecht möglich.

Wie Sie das Tempo reduzieren können

Der Eindruck von Tempo entsteht durch zwei Faktoren. Zum einen durch die Anzahl von Silben, die Sie pro Minute produzieren, und zum anderen durch die Sprechpausen. Gehören Sie zu den „Schnellsprechern", macht es wenig Sinn, sich darauf zu konzentrieren, langsamer zu reden. Sie werden dabei nur verkrampfen und verlieren inhaltlich Ihren „roten Faden". Versuchen Sie eher, sich auf Ihren Gesprächspartner einzulassen. Beobachten Sie, ob und wie er die Informationen verarbeitet und legen Sie Pausen ein. Die Pausen geben Ihnen die Gelegenheit nachzudenken und kurz zu entspannen, während der andere die Informationen verstehen und verarbeiten kann.

Sprechpausen machen neugierig

Schnelles, pausenloses oder pausenarmes Sprechen führt dazu, dass ein nicht unerheblicher Teil Ihrer Aussagen gar nicht aufgenommen wird. Ihr Gegenüber kann Ihnen geistig nicht mehr folgen. Sollen Ihre Worte wirken, müssen Sie anderen Zeit lassen, sie zu begreifen. Dafür sind Pausen da –am Satzende, nach gedanklichen Abschnitten, vor besonders wichtigen Worten. Mit Pausen können Sie auch bestimmte Worte oder Passagen hervorheben und Spannung erzeugen.

Beispiel: Die Aufmerksamkeit steigern

„Sag mal Gabi, möchtest du [Pause] ..."

Legen Sie nach dem „du" eine Pause ein, wächst die Spannung und damit die Aufmerksamkeit der Angesprochenen. „Möchte ich was? Was kommt jetzt? Warum so langsam? Ist es was Besonderes?" Das fragt sich Gabi sicher nicht bewusst; nur die Wirkung dieser Pause erfolgt blitzschnell in Form von Spannung und Neugierde.

Also auch mit dem Variieren des Sprechtempos und dem gezielten Einsatz von Pausen können Sie die Wirkung Ihrer Worte ein Stück weit steuern. Sinngemäße Variationen im Sprechausdruck erhöhen dabei nicht nur die Verständlichkeit, sondern gestalten auch das Zuhören angenehmer.

Was tun bei Stimm- und Sprechproblemen?

Grundsätzlich sollte Sprechen mühelos sein. Wenn Sie nach längerem Sprechen Beschwerden haben, sich oft räuspern müssen oder heiser werden, kann dies ein Hinweis auf einen falschen Gebrauch der Stimme sein. Wenn Sie sich dadurch beeinträchtigt fühlen, sollten Sie sich an einen auf Stimme spezialisierten HNO-Arzt (Phoniater) wenden, der Sie bei entsprechender Diagnose an eine Logopädin weiter verweisen wird, die mit Ihnen an der Entwicklung eines ökonomischen Stimmgebrauchs arbeiten wird.

Sind Sie organisch beschwerdefrei, aber unzufrieden mit

- dem Klang Ihrer Stimme (z.B. zu leise, zu schrill, zu hoch),
- Ihrer Artikulation (undeutlich, stark dialektgefärbt) oder
- dem Gebrauch Ihrer sprecherischen Ausdrucksmittel (z.B. monotones, zu schnelles oder wirkungsarmes Sprechen),

dann sind Sie bei der Deutschen Gesellschaft für Sprechwissenschaft und Sprecherziehung (www.dgss.de) an der richtigen Adresse. Sie verfügt über einen Pool von Spezialisten für Stimme und Sprechen.

Männer und Frauen

Was hat das Thema Männer und Frauen in dem Kapitel „Der Körper redet mit" zu suchen? Männliche und weibliche Identität bezieht sich ja nicht allein auf die Körperlichkeit und wird auch nicht nur körperlich wahrgenommen. Bestseller mit Titeln wie etwa „Warum Männer nicht zuhören und Frauen schlecht einparken" suggerieren jedoch, dass es einen biologischen Zusammenhang zwischen bestimmten Fähigkeiten und dem Geschlecht geben muss. Dies könnte man auch im Bereich der Kommunikation vermuten.

Kommunizieren Männer und Frauen unterschiedlich?

Ähnlich wie mit dem Zuhören und dem Einparken verhält es sich auch mit der Kommunikation. Man kann vielleicht geschlechtstypische Tendenzen beobachten, also Verhaltensmuster, die Männer häufiger zeigen als Frauen und umgekehrt. Eine bestimmte kommunikative Verhaltensweise, die nur bei Männern oder Frauen auftritt, gibt es jedoch nicht.

Typisch Mann – typisch Frau?

Man erklärt sich diese Beobachtungen folgendermaßen: Es gibt einen Pool von kommunikativen Verhaltensweisen und Gesprächstechniken, aus dem sich Männer wie Frauen gleichermaßen bedienen können. Trotz gleicher Möglichkeiten gibt es tendenzielle Vorlieben von Männern und Frauen, sich aus diesem Pool zu bedienen. Demnach lächeln Frauen häufiger im Gespräch, schwächen sichere Aussagen durch einen fragenden Tonfall wieder ab, geben häufiger und deutlicher Signale, dass sie zuhören und kümmern sich mehr darum, dass das Gespräch am Laufen bleibt.

Bei Männern hingegen wird z. B. ein gewisses Dominanzstreben beobachtet, offensiveres Verhalten und damit verbunden auch mehr Durchsetzungswille im Gespräch, intensiverer Blickkontakt, das Einnehmen von mehr Raum etc.

Kommunikation und soziale Rolle

Offensichtlich ist allerdings auch, dass sich viele Männer und Frauen anders verhalten, als es von ihnen in diesem Kontext vermutet wird. Wir beobachten einfühlsame Männer und auch dominant auftretende Frauen. Es lässt sich ebenfalls beobachten, dass das Kommunikationsverhalten stark von der sozialen Rolle abhängt, in der man im Gespräch agiert.

Die gesellschaftliche Prägung

So ist die Ähnlichkeit zwischen Männern und Frauen in ähnlichen sozialen Rollen, z. B. in Führungspositionen, größer als die Ähnlichkeit zwischen ihnen und Angehörigen des gleichen Geschlechts, die eine gänzlich andere soziale Rolle ausfüllen. Demnach ähneln sich ein Abteilungsleiter und eine Abteilungsleiterin in ihrem Kommunikationsverhalten und im Gebrauch von Gesprächstechniken stärker als ein Abteilungsleiter und ein Gabelstaplerfahrer.

Der kulturelle Hintergrund

Neuere interkulturelle Untersuchungen belegen, dass der gesellschaftliche Einfluss auf das Kommunikationsverhalten größer ist, als der der Geschlechtszugehörigkeit. Demnach können die Ähnlichkeiten zwischen Männern und Frauen einer Kultur größer sein als die zwischen den Frauen bzw. Männern zweier verschiedener Kulturen. Was das menschliche Kommunikationsverhalten angeht, scheint das biologische Geschlecht also keine entscheidende Rolle zu spielen.

Die neueren Forschungsergebnisse machen deutlich:

> Kommunikation ist erlernt und nicht primär vom biologischen Geschlecht abhängig. Kultur und Gesellschaft haben hingegen entscheidenden Einfluss auf die Entwicklung kommunikativer Kompetenzen.

Kommunikation im Beruf

Beide Geschlechter haben heute durch die sozialen und kulturellen Veränderungen in unserer Gesellschaft eine große Bandbreite an Entfaltungs- und Wahlmöglichkeiten. Dies betrifft natürlich auch den Beruf. Grundsätzlich stehen in unserem Kulturkreis Männern wie Frauen alle Berufe offen. Dies hat Folgen.

Die Anforderungen steigen

In immer mehr Berufen wird erwartet, dass Männer und Frauen verschiedenste kommunikative Verhaltensweisen und Gesprächstechniken anwenden können. Maßstab ist dabei nicht das biologische Geschlecht, sondern der Anspruch des Jobs und der jeweiligen Situation. Die Frage, nach der sich die Auswahl der Gesprächstechniken richtet, ist: Was muss oder will ich in dieser Situation erreichen, und welche kommunikativen Verhaltensweisen helfen mir dabei?

In der Regel müssen Sie heute in anspruchsvollen Berufen über kommunikative Fähigkeiten aus beiden – ehemals mehr den Männern oder den Frauen zugeschriebenen – Registern verfügen: Sie müssen

- zuhören, sich einfühlen, auf andere einstellen können und auch in der Lage sein, sich durchzusetzen;
- souverän auftreten, präsentieren, aber auch Kritik annehmen, Fehler eingestehen, nachgeben können;
- etwas durchsetzen, delegieren, etwas einfordern und auch motivieren, aufbauen und beraten können;
- für Ihre Sache einstehen und Konflikte austragen, jedoch auch Kompromisse aushandeln und Konflikte konstruktiv lösen können.

Checkliste: Kommunikation im Beruf

- Der Vielfalt von Herausforderungen können Sie nur gerecht werden, wenn Sie alle Möglichkeiten der Gesprächsgestaltung nutzen und nicht unbewusst in alten, geschlechtstypischen Verhaltensmustern verharren.

- Die Reduzierung auf ein „typisch" weibliches oder männliches Register schränkt Ihre kommunikative Kompetenz sehr ein. Sie werden in bestimmten Redesituationen gut und erfolgreich sein, in anderen weit unter Ihren Möglichkeiten bleiben.

- Erlernte, situativ ungünstige Verhaltensweisen in der Kommunikation sind veränderbar. Ihr Repertoire an Gesprächstechniken können Sie gezielt erweitern.

- Frauen wie Männer können in dieser Hinsicht gut voneinander lernen.

S.O.S. – Umgang mit schwierigen Situationen

Vor problematischen Gesprächen und heiklen Situationen ist niemand gefeit.

In diesem Kapitel erfahren Sie, wie Sie

- bei Missverständnissen verfahren,
- mit Gefühlsausbrüchen umgehen und
- auf Provokationen reagieren.

Strategien für problematische Gespräche

Als aufmerksamer Leser, aufmerksame Leserin ist Ihnen sicher klar geworden, dass es für komplexe Kommunikationssituationen keine allgemein gültigen Rezepte gibt. Bei der Bewältigung schwieriger Situationen im Gespräch sind Sie immer als gesamte Person gefragt. Und zwar mit

- Ihrer sinnlichen Wahrnehmung von Stimmungen und Signalen des anderen,
- Ihrer Selbstwahrnehmung und Ihrer Fähigkeit, sich Ihre Gefühle, Empfindungen und Gedanken auch bewusst zu machen,
- Ihrem Wissen über wesentliche Zusammenhänge in Gesprächsprozessen und mögliche Störungsursachen,
- Ihren reflektierten Erfahrungen mit unterschiedlichsten Situationen und Menschen,
- Ihrem Wissen über Ihre eigene Wirkung, Ihre Schwächen und Stärken,
- Ihrer Analysefähigkeit,
- Ihrer Fähigkeit, in schwierigen Situationen verschiedene Handlungsmöglichkeiten zu erkennen und gezielt auszuwählen.

Ein Fußballer übt einzelne Techniken lange und intensiv, damit er sie sicher beherrscht. Wesentlich für seinen Erfolg ist jedoch auch, dass er im Spiel blitzschnell entscheiden kann, welche Technik er in dieser Situation anwendet, ob er den Ball besser abgeben oder selbst schießen, rechts oder links am Gegner vorbei laufen oder stehen bleiben soll. Dafür gibt es kein Rezept. Aufmerksame, kreative und flexible Spieler, die außerdem über eine gute Technik verfügen, sind dabei klar im Vorteil.

Gleiches gilt für die Kommunikation. Ein guter Fundus von Gesprächstechniken, Flexibilität und ein gutes Gefühl für die Situation helfen Ihnen, auch in schwierigen Situationen sicher zu handeln. Die folgenden Situationsbeispiele geben Ihnen Anregungen, wie Sie mit problematischen Situationen umgehen können. Es sind keine allgemein übertragbaren Verhaltensmuster, sondern Vorschläge und Möglichkeiten für die Anwendung verschiedener Gesprächstechniken.

Ganz normal: Missverständnisse

Friedemann Schulz von Thun hat an einem einfachen Modell zu erklären versucht, warum es so häufig und auch leicht zu Missverständnissen kommt. Warum werden manche Aussagen ganz anders verstanden, als sie eigentlich gemeint waren? Diese Erfahrung haben Sie sicher schon mehr als einmal in Ihrem Leben gemacht. Gerne heißt es dann: „Er hat es in den falschen Hals bekommen."

Nach Schulz von Thun könnte man auch sagen: „Er hat es ins falsche Ohr bekommen." Seine heute weitgehend akzeptierte These lautet, dass man mit allem, was man sagt, auf verschiedenen Ebenen Botschaften und Informationen sendet.

Diese Botschaften sind nicht immer bewusst, haben aber Einfluss auf den Gesprächspartner. Meistens sind die Botschaften nicht direkt den Worten selbst zu entnehmen, sondern der Art, wie gesprochen wird, wie jemand blickt, sich bewegt und verhält, während er spricht.

> Kommunikation findet nicht nur mit Worten statt, sondern mit allen den Menschen zur Verfügung stehenden Ausdrucksmitteln.

Eine Aussage – vier Botschaften

Auch bei der folgenden „Mini"-Kommunikation schwingen – wie in jeder Äußerung – potenziell vier verschiedenen Ebenen Botschaften mit.

Beispiel: Was sagt er alles mit diesem einen Satz?

 Ein Vorgesetzter sagt zu seiner Mitarbeiterin: „Das hier muss bis 12 Uhr kopiert werden" und legt einen Stapel Papier auf ihren Schreibtisch.

Die Ebene des Sachinhalts

Worüber wird informiert, worum geht es eigentlich? In diesem Fall darum, dass es Unterlagen gibt, die aus irgendeinem Grund bis 12 Uhr kopiert werden müssen.

Die Ebene der Beziehung

Wie sage ich jemandem etwas, was halte ich von dem anderen und wie stehe ich zu ihm? Der Tonfall, die Wortwahl, der Blick, die Geste bringen dies zum Ausdruck. In diesem Fall ist es so, dass der Vorgesetzte seiner Mitarbeiterin etwas hinlegen kann, ohne genauer zu definieren, wer hier welche Aufgaben hat. Auch ein höfliches „Bitte" hält er für unnötig. Trotzdem geht er davon aus, dass passiert, was er sich vorstellt. Mit Angaben zum Tonfall ließe sich eine Aussage darüber treffen, wie der Vorgesetzte die Beziehung zu seiner Mitarbeiterin einschätzt. Wie hat er den Satz gesagt? Achtlos, bestimmend, gehetzt, im Vorbeigehen oder freundlich? Auch ein in der Wortwahl neutraler Satz kann (muss aber nicht) eine negative Beziehungsbotschaft beinhalten.

Die Ebene der Selbstkundgabe

Was sage ich, wie sage ich etwas, wie schaue ich dabei, wie klingt die Stimme? Mein ganzes Auftreten ist für mein Gegenüber eine Botschaft, die er (oft unbewusst) aufnimmt und verarbeitet. In unserem Beispiel: Läuft der Chef gehetzt durchs Sekretariat und wirft im Vorbeigehen die Unterlagen auf den Tisch, schaut eher unzufrieden, so wäre die mitgesandte Botschaft in diesem Fall vielleicht „Mensch, ich hab heute unheimlich viel um die Ohren". Legt er aber die Sachen hin (auch wie man etwas hinlegt, sagt etwas aus) und sagt den Satz in einem wichtigtuerischem Tonfall, so könnte die Botschaft sein: „Ich genieße es Chef zu sein. Höflichkeit hab ich nicht nötig, hier bestimme ich!"

> Im Gespräch macht man nicht nur seine Einschätzung der Beziehung zu seinem Gegenüber deutlich, sondern teilt auch immer – gewollt oder ungewollt – etwas über sich selbst mit.

Die Ebene des Appells

Oft wird auf eine Äußerung hin etwas erwartet. Manchmal nur eine Antwort auf das, was man sagt. Oft ist es jedoch auch eine Handlung, und zwar ohne, dass dies explizit ausgesprochen wurde, wie in unserem Beispiel. Der Appell lautet: „Kopieren Sie diese Unterlagen bis 12 Uhr" oder vielleicht auch „Sorgen Sie dafür, dass diese Unterlagen bis 12 kopiert sind". Da der Chef den Appell nicht offen ausdrückt, sondern nur als Botschaft mitschwingt, ist nicht klar, wer was genau tun soll. Solche versteckten Appelle sind im beruflichen und privaten Umfeld häufig der Ausgangspunkt von Missverständnissen und Konflikten, denn sie sind mehrdeutig, und manche hören den Appellcharakter einer Aussage gar nicht.

Eine Aussage – vier Möglichkeiten, sie zu verstehen

Wie kommt es nun zu Missverständnissen? Es ist nicht nur so, dass jede Äußerung Botschaften auf vier verschiedenen Ebenen transportiert. Der Angesprochene kann die Aussage auch auf verschiedenen Ebenen hören und verarbeiten. Wenn Sie eine aus Ihrer Sicht sachliche Information geben und der andere beleidigt reagiert, dann ist es unwahrscheinlich, dass die andere Person Ihre Äußerung auf der Sachebene oder, wie Schulz von Thun sagt, über das „Sachohr" aufgenommen und weiterverarbeitet hat. Gewöhnlich reagiert der Gesprächspartner auf die Botschaft, die er am stärksten wahrnimmt. Das hat zum einen etwas mit den jeweiligen Hörgewohnheiten zu tun, zum anderen aber auch mit Erfahrungen und gewissen Empfindlichkeiten. Jeder ist bei bestimmten Menschen in Bezug auf manche Botschaften einfach etwas „hellhöriger", so dass ein Außenstehender, der die Vorgeschichte nicht kennt, oft nicht verstehen kann, was da gerade passiert: „Sie hat doch nur ... gesagt, warum geht er denn jetzt hoch wie eine Rakete?"

Wenn Sie merken, dass Ihr Gegenüber Sie anders verstanden hat, als Sie es beabsichtigt haben, beachten Sie Folgendes:

Checkliste: Umgang mit Missverständnissen

- Bleiben Sie ruhig. Suchen Sie keinen Schuldigen. Missverständnisse und Kommunikation gehören zusammen wie Schwimmen und Wasserschlucken. Es kommt eben vor, oft unbeabsichtigt.

- Nehmen Sie das Missverständnis als Fakt hin und klären Sie die Ursachen. Das Vier-Seiten-einer-Nachricht-Modell von Schulz von Thun kann Ihnen dabei als Analysemittel hilfreich sein (siehe vorhergehenden Abschnitt).

- Machen Sie deutlich, was Sie wirklich sagen wollten. Ist eine Sachbotschaft im „Beziehungsohr" gelandet, machen Sie den Sachaspekt noch einmal deutlich.

- Verzichten Sie dabei auf Anschuldigungen wie „Sie haben mich falsch verstanden". Besser: „Ich glaube, da gab es ein Missverständnis. Ich meinte ..." oder „Vielleicht habe ich mich nicht klar ausgedrückt, ich wollte Folgendes deutlich machen: ..."

- Meist ist es leichter, wenn Sie das Missverständnis auf Ihre Kappe nehmen. Es ist oft müßig zu klären, woran es lag. Versuchen Sie den Inhalt zu klären und so das Gespräch wieder auf Ihr eigentliches Ziel zu konzentrieren.

- Kommt es zwischen Ihnen und einer Person häufiger zu Missverständnissen, ist Metakommunikation angebracht. Suchen Sie nach einer Gelegenheit für ein Gespräch über Ihre Kommunikation und eventuelle Probleme (siehe Abschnitt „Gespräche steuern durch Metakommunikation").

Heftige Gefühle

Heftige Gefühle sind nicht per se eine Schwierigkeit. Im Gegenteil, sie können beflügeln und beglücken. Im beruflichen Umfeld werden starke Gefühle bei sich oder anderen jedoch häufig als bedrohlich empfunden. Oft handelt es sich hier auch nicht um beglückende Gefühle, sondern eher um Ärger, Wut, Enttäuschung, Angst oder Traurigkeit. Ob schwierig oder nicht, Sie können in der Situation ja nicht weglaufen, sondern müssen in irgendeiner Weise agieren. Gefühle geben oft sehr gute Hinweise für das, was wirklich los ist, was wichtig ist. So kann man sie auch als Orientierungshilfe und Impulsgeber für Handlungen nutzen, wenn man sie rechtzeitig wahrnimmt und berücksichtigt.

Hinweis: Im TaschenGuide „Emotionale Intelligenz" können Sie mehr über den enormen Einfluss von Gefühlen im Berufsleben lesen.

Ärger und Wut

Emotionen wie Ärger und Wut sind vitale, heftige Gefühle, die sich nicht nach Belieben in Schach halten oder unterdrücken lassen. Deshalb werden auch Appelle an die Vernunft in „akuten" Fällen wenig nützen Bei allem Bemühen um Sachlichkeit werden sich diese Gefühle in irgendeiner Weise Raum verschaffen.

Wenn Sie Ärger in sich aufsteigen fühlen

- Versuchen Sie, das Gefühl frühzeitig wahrzunehmen und sich bewusst zu machen, wo es herrührt. Ist es der Inhalt dessen, was gesagt wurde? Oder die Art, wie es gesagt wurde?

- Fühlen Sie sich angegriffen? Überprüfen Sie, ob der andere Sie tatsächlich angreifen wollte oder ob Sie seine Worte in den falschen Hals bekommen haben, z.B. mit einer Paraphrase.

Beispiel: Negativen Gefühlen auf den Grund gehen

 „Ich möchte etwas für mich klären: Habe ich Sie richtig verstanden, dass Sie mit meiner Arbeitsweise nicht zufrieden sind?"

- Beruht Ihr Unmut nicht auf einem Missverständnis, sprechen Sie das, worüber Sie sich ärgern zu einem Zeitpunkt an, zu dem Sie noch fair mit dem anderen reden können.

Sagen Sie, dass Sie sich ärgern und worüber. Verzichten Sie dabei auf direkte Anschuldigungen. Beschreiben Sie aus Ihrer Sicht, was vorgefallen ist und welche Wirkung das auf Sie hat.

Beispiel: Mit Emotionen offen umgehen

 Nicht: „Sie lügen! Sie wissen ganz genau, dass ...", sondern:

„Sie haben gerade gesagt, Sie hätten nie eine Info dazu bekommen. Das ärgert mich jetzt wirklich. Das Protokoll mit den Terminen ist an jeden gegangen und zusätzlich habe ich alle im Verteiler – und damit auch Sie – zweimal per Mail auf diesen Termin hingewiesen. Ich möchte ..."

- Nutzen Sie Ihren Ärger konstruktiv. Arbeiten Sie auf eine Lösung des Problems hin, die für Sie akzeptabel ist. Beschimpfungen und Vorwürfe nutzen Ihnen nicht. Agieren Sie zukunfts- und zielorientiert: Was soll in Zukunft anders sein? Was wollen Sie? Setzen Sie sich dafür ein.

Es kann sein, dass jemand Sie durch sein Verhalten verärgert, ohne es zu merken. Machen Sie ihn darauf aufmerksam, und erklären Sie, was Sie stört und warum. Andere können nicht wissen, an welchen Punkten Sie empfindlich reagieren.

Wenn Sie negative Emotionen bei anderen wahrnehmen

- Ist jemand richtig wütend, lassen Sie ihn sich erst einmal abreagieren. Lassen Sie ihn reden. Unterbrechen Sie ihn erst einmal nicht.

- Zeigen Sie, dass Sie zuhören und versuchen Sie, die Situation zu verstehen. Eventuell können Sie auch kurze Passagen paraphrasieren, damit Ihr Gesprächspartner merkt, dass Sie den Sachverhalt verstehen.

Beispiele: Verstehen signalisieren durch Paraphrase

„Die Lieferung ist also nicht am 17. gekommen?"

„Hm, das Teil ist also defekt."

- Wenn jemand noch steht, bieten Sie ihm einen Platz an.

- Sagen Sie nicht: „Beruhigen Sie sich doch" oder „Seien Sie doch bitte sachlich". Im Zweifelsfall wird es dadurch noch schlimmer. Die andere Person will sich ja nicht beruhigen, sondern ihrem Ärger Ausdruck verleihen, gehört und verstanden werden.

- Bei akuter Wut nutzen Argumente, Widerspruch und gut gemeinte Ratschläge nichts. Also sparen Sie sich die inhaltliche Diskussion für einen späteren Zeitpunkt auf. Es geht jetzt darum, zuzuhören und zu verstehen.

- Wenn Sie sich selbst angegriffen fühlen, hören Sie stark die Beziehungsebene der Aussage. Versuchen Sie, die andere Person auch auf der Selbstkundgabe-Ebene zu sehen. Also fragen Sie sich: Was hat sie? Warum regt sie sich so auf? Was ist passiert, dass sie sich so benimmt?

- Werden Sie direkt beleidigt und verletzend angegriffen, verbitten Sie sich das sehr bestimmt, wenn Sie es nicht dulden können oder wollen. Macht die Person weiter, brechen Sie das Gespräch ebenso bestimmt ab.

Beispiele: Persönliche Angriffe abwehren

„Herr Schmidt, ich werde gerne mit Ihnen über diese Angelegenheit reden und versuchen, das zu klären. Aber ich bitte Sie ausdrücklich, mich nicht weiterhin persönlich zu beleidigen."

„Es tut mir Leid, Herr Schmidt. Unter diesen Bedingungen bin ich nicht bereit, das Gespräch weiterzuführen. Bitte kommen Sie wieder, wenn Sie mit mir sachlich über diese Angelegenheit reden können."

Das Gespräch auf eine sachliche Ebene bringen

Hatte der andere die Gelegenheit, seinen Ärger herauszulassen, ohne dass Sie ihn durch Widerspruch oder Ratschläge weiter provoziert haben, nimmt die Erregung in der Regel nach kurzer Zeit ab. Wo es Ihnen möglich ist, äußern Sie Verständnis zu einzelnen Punkten.

Beispiele: Verständnis signalisieren

„Ich kann verstehen, dass Sie das in eine ganz unangenehme Situation gebracht hat. Das tut mir Leid."

„Ja, das ist wirklich sehr ärgerlich."

Jetzt können Sie beginnen, die Angelegenheit auch inhaltlich zu klären und mit dem anderen nach Lösungen zu suchen.

Kommt nicht eine Person zu Ihnen, die bereits sehr ärgerlich ist, sondern spüren Sie beim anderen den Ärger erst während eines Gesprächs mit Ihnen aufsteigen, versuchen Sie ihn dazu zu bringen, sein Gefühl in Worte zu fassen. Dann haben Sie Klarheit und können angemessen reagieren.

Beispiele: Negative Gefühle ansprechen

„Frau Sommer, ich habe den Eindruck, etwas stört Sie an meinen Vorschlägen."

„Sie wirken verstimmt. Ist irgend etwas nicht in Ordnung?"

Enttäuschung, Verletzung und Traurigkeit

Heftige Gefühle wie Enttäuschung oder Traurigkeit lassen sich gerade in einem langfristig zusammenarbeitenden Team nicht vermeiden. Eine Mitarbeiterin, deren Beurteilung nicht gut ausgefallen ist, ein Azubi, der die Prüfung nicht bestanden hat, der Kollege, der nicht befördert wurde, die Sekretärin, die wegen einer abfälligen Bemerkung gekränkt ist – die Bandbreite ist hier groß.

Auch im Dienstleistungsbereich können Sie mit emotional betroffenen Menschen zu tun haben: Antragsteller bei Behörden, die einen negativen Bescheid bekommen, Beratungssuchende, Patienten und deren Angehörige. Im Grunde werden alle, die mit Menschen arbeiten, mit solchen Situationen konfrontiert.

Emotionen akzeptieren

Auch in diesen Situationen sollten Sie nicht versuchen, die Gefühle zu ignorieren, wegzureden oder durch Argumente, Ratschläge und Informationen zu ersticken.

- Lassen Sie dem anderen Raum, sich auszudrücken. Vielen verschafft das Reden über ein Problem Linderung.

- Versuchen Sie, die andere Person zu verstehen und machen Sie Ihr Verständnis deutlich.

- Wenn es für Sie stimmig ist, drücken Sie Ihr Bedauern und Mitgefühl aus.

- Wenn Sie beim anderen starke Gefühle wahrnehmen, die Sie in dem Zusammenhang nicht verstehen oder einordnen können, sprechen Sie ihn darauf an.

Beispiel: Gefühle offen ansprechen

„Frau Meier, Sie wirken sehr betroffen. Was ist mit Ihnen?"
„Dirk, du seufzt so, was hast du?"

- Wenn Ihr Verhalten oder das, was Sie gesagt haben, der Anlass für die Enttäuschung war, begründen Sie Ihr Vorgehen, wenn der andere seinen ersten Frust zum Ausdruck gebracht hat. Machen Sie deutlich, dass sich Ihre Kritik auf einzelne Verhaltensweisen oder Fähigkeiten beschränkt. Die Wertschätzung der Person bleibt bestehen und sollte noch einmal deutlich gemacht werden.

Beispiel: Kritik und Wertschätzung

„Frau Meisner, ich möchte das noch einmal deutlich machen: Meine Kritik bezog sich auf Ihren Umgang mit Zeit. Ich schätze Sie als Mitarbeiterin und ich bin froh, dass ich Sie in der Abteilung habe. Sie denken mit und ich kann mich auf Sie verlassen. Das ist mir sehr wichtig. Ich denke, dass wir bezüglich der zeitlichen Regelung einen Modus finden werden, der für uns beide akzeptabel ist."

- Sollten Sie jemanden verletzt haben, drücken Sie Ihr Bedauern aus. Sie müssen jedoch den Inhalt nicht zurücknehmen, wenn Sie nach wie vor davon überzeugt sind, dass er richtig und wichtig war.

Beispiel: Für Verletzung Bedauern ausdrücken

> „Es tut mir Leid, Herr Schmidt, dass ich Sie mit meiner Kritik verletzt habe. Ich musste das Thema aber ansprechen, weil mir dieser Punkt in unserer Zusammenarbeit sehr wichtig ist."

- Wenn jemand während des Gesprächs weint, nehmen Sie es als selbstverständlich hin wie jede andere Gefühlsregung auch. Weinen ist Ausdruck eines Gefühls, wie auch Lachen. Wenn Sie das Gefühl Ihres Gegenübers akzeptieren und ihm Raum lassen können, wird Peinlichkeit nicht aufkommen oder schnell verfliegen.

- Bagatellisieren Sie das Problem nicht durch Trost und flotte Sprüche wie „Ach, das wird schon wieder", „Ist doch alles halb so schlimm".

- Bieten Sie in einer fortgeschrittenen Gesprächsphase Hilfe an, wenn Sie können und möchten.

Sind Sie selbst die von Enttäuschung, Traurigkeit oder Kränkung betroffene Person, entspannen Sie die Lage, wenn Sie den Grund thematisieren und für den anderen verständlich machen.

Befürchtungen und Ängste

Befürchtungen und Ängste wirken oft blockierend. Sie können das Entstehen von echten Beziehungen verhindern, die Umsetzung guter Ideen bremsen, den offenen Austausch von Meinungen verhindern oder konstruktive Auseinandersetzungen hemmen. Deswegen ist es aus sachlichen Gründen sinnvoll, Ängste ernst zu nehmen, zu thematisieren und, wenn möglich, abzubauen. Sinnvoll ist es jedoch nicht immer, denn Ängste sind natürlich auch ein Schutz, ein Warnsystem. Sie bewahren uns davor, zu große Risiken einzugehen und uns in Gefahr zu begeben. Sie sollten also je nach Situation entscheiden, ob die Angst sachlich begründet ist oder Chancen und Entwicklungsmöglichkeiten verbaut.

Ängste ernst nehmen

Wirkt jemand im Gespräch ängstlich und scheu, verwenden Sie ausreichend Zeit für den Beziehungsaufbau. Reden Sie auch von sich persönlich, zeigen Sie etwas von sich als Mensch, so dass Ihr Gegenüber ein Gefühl für Sie bekommt und sein Angstsystem eher Entwarnung geben kann.

Wenn Sie bei Ihrem Gegenüber Ängste oder Befürchtungen bezüglich eines Themas wahrnehmen, das er selbst von sich aus nicht anspricht, fragen Sie gezielt danach. Nur was auf den Tisch kommt, kann auch behandelt werden. Nur wenn Sie wissen, was ihn hindert, können Sie auch Lösungen finden, die seine Bedenken berücksichtigen.

Beispiele: Befürchtungen thematisieren

 „Ich habe den Eindruck, Sie wollen da nicht richtig dran. Dieses Projekt bietet Ihnen enorme Möglichkeiten, sich in unserem Unternehmen zu positionieren. Was befürchten Sie, Herr Vogt? Was lässt Sie so zögern?"

Beachten Sie auch Ihre eigenen Ängste und Bedenken. Überprüfen Sie, ob sie in der Situation berechtigt und adäquat sind oder ob Ihr Alarmsystem überreagiert und nach einem Muster verfährt, das jetzt nicht sinnvoll ist. Entscheiden Sie bewusst, lassen Sie nicht die Angst allein entscheiden.

Persönliche Angriffe

Wenn jemand Sie persönlich angreift, herabwürdigt oder provoziert, kann dies unterschiedlichste Gründe haben. Welche evtl. zutreffen, werden Sie am ehesten aus der Situation selbst erschließen können: Was ging dem voraus? Welchen Eindruck macht Ihr Gegenüber?

Mit dieser analytischen Herangehensweise sind Sie auf dem richtigen Weg. Instinktiv neigen wir jedoch eher dazu, wenn wir angegriffen werden, uns getroffen zu fühlen und entsprechend heftig zu reagieren.

Auf Provokationen souverän reagieren

Persönliche Angriffe haben nicht die sachliche Auseinandersetzung zum Ziel, sondern die andere Person. Sie sprechen die Beziehungsebene an und werden in der Regel vom anderen dort auch aufgenommen und verarbeitet. Entweder wir packen daraufhin auch unsere Waffen aus oder wir lassen uns so einschüchtern, dass der andere leichtes Spiel mit uns hat. Sie haben aber auch andere Möglichkeiten.

Das können Sie gedanklich tun

- Lassen Sie sich nicht treffen. Wenn Sie jemand persönlich angreift, nehmen Sie die Beziehungsbotschaft wahr, lassen

ihr aber in Ihrem Inneren nicht ungehinderten Entfaltungs-
raum.

- Gehen Sie innerlich auf die Meta-Ebene. Schauen Sie sich
das Gespräch kurz aus der Distanz an. Analysieren Sie die
Situation und die anderen Ebenen der Kommunikation.
Selbstkundgabe: Warum verhält sich Ihr Gegenüber so?
Was sagt er über sich damit aus? Sachebene: Was ging
inhaltlich voraus? Appell: Was will er?

- Versuchen Sie, das Motiv für sein Verhalten zu erkennen.
Haben Sie ihn aus Versehen zuvor beleidigt? Gehen ihm die
Argumente aus? Fühlt er sich bedrängt? Möchte er vom
Thema ablenken? Möchte er Sie einschüchtern? Möchte er
Streit, um damit ein konstruktives Gespräch samt Lösung
zu verhindern? Ist er vielleicht auch einfach nur unbedacht
und weiß wenig über die eigene Wirkung?

- Behalten Sie Ihr Ziel im Auge. Wenn jemand unsachlich
wird und Sie angreift, ist die Gefahr groß, dass Sie sich auf
Streit einlassen. Das bringt Sie Ihrem Gesprächsziel jedoch
nicht näher. Gelingt es jemandem, Sie zu ärgern, laufen
Prozesse in Ihrem Körper ab, die Ihnen nicht helfen werden,
klar zu denken, abzuwägen und Ihr Ziel zu verfolgen. Also
lassen Sie sich nicht provozieren und überprüfen stattdessen: Welche Reaktion nutzt meiner Sache? Handlungs-
leitend ist Ihr Gesprächsziel.

So reagieren Sie nach außen hin

Entscheiden Sie sich bewusst für ein Verhalten. Je nachdem,
welches Motiv Sie vermuten und welche Möglichkeiten Sie in
Ihrer sozialen Rolle haben, reagieren Sie anders. Entscheidend

hierbei ist Ihre Einschätzung der Situation. Verlassen Sie sich auf Ihr Gefühl und Ihren analytischen Verstand. Kurzschlussreaktionen bringen Sie selten weiter.

- Bei Ablenkungsmanövern: Will jemand vom Thema ablenken oder Lösungen sabotieren, ignorieren Sie die Provokation und bleiben Sie sachlich am Thema. Passiert dies mehrmals hintereinander, sprechen Sie das Verhalten an, wenn es die Situation zulässt (in Abhängigkeitsverhältnissen ist Ihr aktiver Handlungsspielraum kleiner als in symmetrischen Gesprächen). Machen Sie unmissverständlich deutlich, dass Sie an einer gemeinsam erarbeiteten, sachorientierten Lösung interessiert sind.

Beispiel: Sachlichkeit und Fairness einfordern

„Frau Lenk, ich sehe, dass wir in der Sache Differenzen haben. Ich möchte diese auch gerne mit Ihnen bearbeiten und bin mir auch sicher, dass wir eine tragbare Lösung finden können. Ich möchte mich aber über Inhalte mit Ihnen auseinandersetzen. Sie haben mich jetzt mehrmals persönlich angegriffen. Diese Art der Auseinandersetzung gefällt mir nicht. Ich möchte eine faire Auseinandersetzung und eine für beide vernünftige Lösung."

- Bei Unterlegenheit des Gesprächspartners: Fühlt sich jemand durch Ihre inhaltliche oder rhetorische Stärke in die Defensive gedrängt, kann es leicht geschehen, dass er zu unlauteren Mitteln greift. Ignorieren Sie den Angriff und lenken Sie das Problem wieder auf die Sache. Wenden Sie sich der Interessenslage Ihres Gegenübers zu. Versuchen Sie, wieder eine stabile, konstruktive Beziehung aufzubauen. Einen Angriff ins Leere laufen lassen und sich wieder auf die Sache konzentrieren, nennt man auch „Verhandlungs-Judo". Sie gehen nicht gegen die Kraft des Gegners an, sondern weichen aus, um dann Ihren Zug zu machen.

Beispiel: Einen Angriff ins Leere laufen lassen

> „Sie, Sie sind vielleicht gerade mal ein- bis zwei Jahre im Geschäft und denken, Sie hätten die Weisheit mit Löffeln gefressen, nur weil Sie vielleicht studiert haben. Sie haben doch keine Ahnung, wie so was läuft. Mit diesen Preisen brauchen wir denen gar nicht erst zu kommen." Reaktion: „Was könnten wir machen? Was schlagen Sie vor?"

- Bei Einschüchterungsversuchen: Bleiben Sie innerlich ruhig. Wahrscheinlich sind Sie in der Sache oder argumentativ so stark, dass Ihr Gesprächspartner sich nicht anders zu helfen weiß. Ignorieren Sie den Einschüchterungsversuch, bleiben Sie bei Ihrer Sache. Einschüchtern kann man Sie nur, wenn Sie es zulassen. Eleanor Roosevelt soll gesagt haben: „Niemand kann Ihnen ohne Ihre Zustimmung das Gefühl der Minderwertigkeit vermitteln." Allerdings haben Sie in asymmetrischen oder symmetrischen Beziehungen unterschiedlichen Handlungsspielraum. Wenn sich Ihr Chef mit Ihnen nicht sachlich und argumentativ auseinandersetzen möchte, so wird er das nicht tun müssen. Sie können ihn nicht dazu zwingen, sondern sich nur darum bemühen. In nicht-abhängigen Beziehungen, wie im folgenden Beispiel, können Sie den Einschüchterungsversuch ins Leere laufen lassen und auf der sachlichen Auseinandersetzung beharren. Einschüchterung ist in der Regel ein Versuch, Sie mundtot zu machen. In symmetrischen Beziehungen müssen Sie sich das nicht gefallen lassen.

Beispiel: Sich nicht einschüchtern lassen

Eine Elternvertreterin stellt auf einer Schulkonferenz unliebsame Fragen nach dem Verbleib der Einnahmen aus dem Weihnachtsmarkterlös. Der Direktor versucht, sie vor dem Plenum bloßzustellen und dadurch einzuschüchtern, damit sie keine weiteren unbequemen Fragen stellt:

„Was, das wissen Sie nicht? Das kann ja wohl nicht Ihr Ernst sein! Das weiß doch jeder, der sich auch nur ein bisschen mit der Materie befasst hat." „Herr Schumann, es mag sein, dass jeder das hier weiß. Ich aber nicht. Ich möchte gerne wissen, wie hoch die Einnahmen im letzten Jahr waren und was damit geschehen ist."

Notfalls das Gespräch abbrechen

Ist ein konstruktives Gespräch trotz deutlich signalisierter Kooperationsbereitschaft Ihrerseits nicht möglich, beenden Sie das Gespräch nach einer entsprechenden Vorwarnung. Machen Sie deutlich, unter welchen Bedingungen Sie gesprächsbereit bereit sind und wo Ihre Grenzen liegen.

Beispiel: Das Gespräch beenden

„Herr Beyer, ich sehe im Moment nicht, dass wir in dieser Sache weiterkommen. Ich möchte das Gespräch an dieser Stelle abbrechen und vorschlagen, dass jeder von uns die Sache noch mal durchdenkt. Ich bin gerne bereit, einen neuen Termin mit Ihnen auszumachen. Ich möchte dann auf alle Fälle auf eine konstruktive Weise mit Ihnen verhandeln. Aber im Moment sehe ich keinen Sinn darin, weiter miteinander zu reden."

Ausblick

Gespräche sind komplexe Prozesse mit vielen gleichzeitig wirkenden, veränderbaren Faktoren. Eine kurz hochgezogene Augenbraue, ein einziges falsches Wort, eine Unaufmerksamkeit in der Einschätzung des Gegenübers und schon ist alles komplett anders. Gesprächstechniken machen diese komplexen Prozesse nicht verlässlich regel- und steuerbar. Ihr bewusster Einsatz hilft Ihnen jedoch, sich in dieser Komplexität flexibel und zielorientiert zu verhalten.

Um Ihren aktiven Umgang mit Gesprächstechniken zu verbessern, brauchen Sie

- zum einen das entsprechende Know-how: Worauf kommt es an? Was muss ich berücksichtigen? Was kann ich wie beeinflussen? Dieser TaschenGuide hat Ihnen dazu eine erste Orientierung geben können.

- zum anderen Bewusstheit über Ihr Gesprächsverhalten und dessen Wirkung. Was tun Sie in welchen Situationen und wie tun Sie es? Was löst dies bei anderen aus? Dies können Sie nach dieser Lektüre gezielt bei sich beobachten.

- und last but not least brauchen Sie die Rückmeldung von anderen. Wollen Sie sich gesprächstechnisch gezielt weiterentwickeln, ist die Unterstützung von Kommunikations-Fachleuten in Seminaren und Coaching eine sinnvolle Ergänzung zur Lektüre.

Abschließend wünsche ich Ihnen viel Erfolg beim Gestalten Ihrer Gespräche.

Ich wünsche Ihnen

- Lust am Üben und Verfeinern Ihrer Gesprächstechniken und ausreichend Zeit Ihre Erfahrungen zu reflektieren;

- Kraft und Nerven, sich auf Ihre Mitmenschen einzulassen und mit Ihnen tragfähige Lösungen zu finden;

- Vertrauen in sich selbst und ein gutes Gespür für das, was Ihnen Kraft, Klarheit und Orientierung gibt;

- viel Erfolg beim Vertreten Ihrer Interessen und Vorstellungen.

Literatur

- Allhoff D. und W.: Rhetorik und Kommunikation. Regensburg, 14. Aufl. 2006

- Cohn, R.: Von der Psychoanalyse zur Themenzentrierten Interaktion. Stuttgart 2004, 15. Aufl. 2004

- Heilmann, Ch.M.: diverse Publikationen in wissenschaftlichen Fachzeitschriften zum Thema Körpersprache und Kommunikationsverhalten von Männern und Frauen

- Maletzke, G.: Interkulturelle Kommunikation. Opladen 1996

- Pawlowski, K.: Konstruktiv Gespräche führen. Fähigkeiten aktivieren, Ziele verfolgen, Lösungen finden. Hamburg, 4. Auflage 2005

- Schulz von Thun, F.: Miteinander reden. Bd. 1 (2006), Bd. 2 (1990) Bd. 3 (1999), Reinbek

- Watzlawick, P. u.a.: Menschliche Kommunikation. Bern, 11. Auflage, Stuttgart 2007

- Website der Deutschen Gesellschaft für Sprechwissenschaft und Sprecherziehung www.dgss.de

Teil 2: Mitarbeiter-gespräche

Vorwort

Als Führungskraft müssen Sie Mitarbeitergespräche führen – eine nicht immer leichte Aufgabe. Auf der einen Seite müssen Sie klare Vorgaben machen und Ziele setzen. Auf der anderen Seite liegt es in Ihrer Verantwortung, für eine angenehme Atmosphäre und ein faires Gespräch zu sorgen, in dem auch der Mitarbeiter ausreichend zu Wort kommt. Schließlich erwarten gute Mitarbeiter, dass Sie mit ihnen regelmäßig über ihre Aufgaben und Ziele, ihre Leistungen, ihre Stärken und Schwächen und ihre weitere berufliche Entwicklung sprechen. Hinzu kommen die weniger angenehmen Auslöser für ein Mitarbeitergespräch – Fehlverhalten, Missverständnisse oder gar schwere Konflikte.

In diesem TaschenGuide erfahren Sie, wie Sie diese Gespräche optimal vorbereiten können und worauf es bei der Gesprächsführung ankommt. Gliederungshilfen und Checklisten für die wichtigsten Anlässe helfen Ihnen, das Mitarbeitergespräch zu strukturieren. Darüber hinaus finden Sie einen „Leitfaden für alle Fälle", um auch nicht ausdrücklich angesprochene Situationen sicher zu meistern. Die Regeln zur Gesprächsvorbereitung und -durchführung sind zwar auf das Mitarbeitergespräch zugeschnitten, vieles können Sie aber auch auf andere Gesprächssituationen übertragen.

Wolfgang Mentzel

Richtig führen durch Mitarbeitergespräche

Eine vertrauensvolle Zusammenarbeit zwischen Vorgesetzten und Mitarbeitern ist nur möglich, wenn alle anstehenden Probleme im gemeinsamen Gespräch geklärt werden.

In diesem Kapitel erfahren Sie,

- welche Vorteile Mitarbeitergespräche mit sich bringen und worin oft Probleme bestehen,
- wie Sie die häufigsten Fehler bei Mitarbeitergesprächen von vornherein vermeiden können,
- nach welchen Gesetzmäßigkeiten Kommunikation generell abläuft und
- wie Sie sich organisatorisch und inhaltlich auf die Gespräche vorbereiten sollten.

Was haben Sie von Mitarbeitergesprächen?

Worum geht es?

Das Mitarbeitergespräch ist eine wichtige Führungsaufgabe, die nicht delegiert werden kann. Es findet zwischen dem direkten Vorgesetzten und seinen Mitarbeitern statt. Nur in Ausnahmefällen wird diese Aufgabe vom nächst höheren Vorgesetzten oder von Mitarbeitern der Personalabteilung wahrgenommen.

Das Mitarbeitergespräch ist durch folgende Merkmale gekennzeichnet:

- Es geht um besondere Anlässe oder Themen, die den Vorgesetzten und den Mitarbeiter veranlassen, sich zusammenzusetzen und ihre Meinungen auszutauschen.

- Mitarbeitergespräche können sowohl zu regelmäßigen, geplanten Terminen (z. B. Beurteilungs- oder Fördergespräche) als auch anlassbezogen (z. B. Einführungsgespräche) stattfinden.

- Mitarbeitergespräche sind zumeist Vier-Augen-Gespräche. In Einzelfällen (z. B. bei Gesprächen mit disziplinarischem Inhalt) kann es vorkommen, dass der Vorgesetzte oder der Mitarbeiter eine weitere Person zum Gespräch hinzuzieht (z. B. ein höherer Vorgesetzter, ein Mitarbeiter der Personalabteilung, ein Mitglied des Betriebsrats). In bestimmten, vom Gesetz genannten Fällen kann der Mitarbeiter die

Teilnahme eines Betriebsratsmitglieds verlangen (z. B. § 82 Abs. 2 BetrVG).

- Mitarbeitergespräche haben immer einen bestimmten Sachinhalt und eine Zielsetzung.

Kein Mitarbeitergespräch im oben definierten Sinn ist die Mitarbeiterbesprechung, die der Vorgesetzte mit einer Gruppe von Mitarbeitern führt. Sie hat allerdings sowohl bei der Vorbereitung als auch bei den eingesetzten Regeln und Techniken viele Gemeinsamkeiten mit dem Mitarbeitergespräch und wird deshalb ebenfalls kurz angesprochen (siehe Abschnitt „In der Gruppe: die Mitarbeiterbesprechung").

Die Vorteile nutzen

Ein richtig geführtes Mitarbeitergespräch bringt sowohl für den Vorgesetzten als auch für den Mitarbeiter eine Reihe von Vorteilen mit sich. Je nach Gesprächsanlass sind folgende Auswirkungen möglich:

- Missverständnisse oder Vorurteile werden abgebaut und der Umgang miteinander wird offener und ehrlicher.

- Durch die gegenseitige Information kennt man sich besser und hat mehr Verständnis füreinander.

- Bestehende Probleme werden aufgearbeitet und gemeinsam gelöst.

- Der Mitarbeiter hat die Möglichkeit, eigene Gedanken zu Problemen ins Gespräch einzubringen, und wird sich mit den gefundenen Lösungen besser identifizieren.

- Das Verständnis für organisatorische und personelle Änderungen steigt, wenn Sie als Vorgesetzter die Mitarbeiter rechtzeitig informieren.

- Durch offene Gespräche werden Gerüchte verhindert, wodurch das gegenseitige Vertrauen steigt.

- Gemeinschaftsgefühl und Zusammenarbeit werden gefördert.

- Die Beziehungen zwischen Vorgesetzten und Mitarbeitern und der gegenseitige Kontakt werden verbessert.

- Hierarchieunterschiede werden überwunden und Vorgesetzter und Mitarbeiter verstehen sich als Partner.

- Ein Mitarbeiter, der als Partner akzeptiert wird, wird ein verstärktes Selbstbewusstsein und eine größere Verantwortungsbereitschaft entwickeln.

Was macht Mitarbeitergespräche schwierig?

Neben den allgemeinen Regeln der Gesprächsführung müssen Sie im Mitarbeitergespräch wegen der besonderen Vorgesetzten-Mitarbeiter-Situation einige zusätzliche Aspekte beachten.

Weder beim Vorgesetzten noch beim Mitarbeiter lässt sich das Wissen um die bestehenden Rangunterschiede ausschalten. Daran ändert sich auch nichts, wenn Sie sich als Vorgesetzter um einen partnerschaftlichen (kooperativen) Führungsstil bemühen. Beiden Partnern ist immer bewusst, dass letztendlich der Vorgesetzte aufgrund der Machtverteilung

Entscheidungen treffen kann, die der Mitarbeiter akzeptieren muss. Das kann im Mitarbeitergespräch zu negativen Auswirkungen führen:

- Die Mitarbeiter haben möglicherweise Hemmungen, alle Gedanken offen auszusprechen.

- Mitarbeiter schweigen, wenn sie abweichende Auffassungen haben, um nicht widersprechen zu müssen, oder formulieren ihre Beiträge insgesamt vorsichtiger.

- Das Gespräch hat nur Alibifunktion, da der Vorgesetzte seine Entscheidung bereits getroffen hat.

- Vorgesetzte halten Monologe und lassen es erst gar nicht zu einem echten Meinungsaustausch kommen.

- Die Mitarbeiter werden durch suggestive Formulierungen veranlasst, die Meinung des Vorgesetzten zu übernehmen.

Berücksichtigen Sie deshalb immer die Besonderheiten des Mitarbeitergesprächs. Verleugnen Sie nicht die hierarchische Position, die Sie gegenüber Ihrem Gesprächspartner einnehmen. Auch der Mitarbeiter wird sie nicht aus den Augen verlieren.

Worauf achten bei der Gesprächsführung?

Die Initiative für ein Mitarbeitergespräch kann zwar von beiden Seiten ausgehen, aber Sie als Vorgesetzter tragen die Verantwortung für eine erfolgreiche Gesprächsführung. Konkret bedeutet das:

- Nehmen Sie sich Zeit für die Anliegen Ihres Mitarbeiters. Bringen Sie im Gespräch die notwendige Geduld auf, um den Mitarbeiter ausreichend zu Wort kommen zu lassen.

- Unterstützen Sie Ihre Mitarbeiter, wenn diese ihr Anliegen vortragen, z. B. durch aktives Zuhören oder den Einsatz von Fragetechniken (siehe Abschnitt „Fragen – ein nützliches Instrument").

- Greifen Sie die Vorschläge, Bedenken und Sichtweisen Ihrer Mitarbeiter auf und setzen Sie sich mit diesen auseinander.

- Führen Sie kein Mitarbeitergespräch ohne Ergebnis. Treffen Sie mit Ihren Mitarbeitern Vereinbarungen und achten Sie auf deren Umsetzung.

Gefühle nicht vernachlässigen

Kommunikation zwischen Menschen findet immer auf zwei Ebenen zugleich statt: auf der Sachebene und auf der Beziehungsebene. Anders ausgedrückt: Neben dem Verstand wird immer auch das Gefühl des anderen angesprochen. Paul Watzlawick hat das wie folgt formuliert: „Jede Kommunikation hat einen Inhalts- und einen Beziehungsaspekt derart, dass Letzterer den Ersteren bestimmt." Diese Erkenntnis gilt für jede Form der Kommunikation, gleichgültig ob es sich um einen Vortrag, eine Diskussion oder ein Mitarbeitergespräch handelt.

Leider wird die Beziehungsebene oft vernachlässigt. Viele Vorgesetzte glauben, es reiche aus, sachlich zu überzeugen. Tatsächlich ist aber die Beziehungsebene entscheidend. Wer seinen Gesprächspartner auf der Beziehungsebene erreicht, der kommt auch auf der Sachebene an. Wenn Sie Ihren Mitarbeitern auf der Beziehungsebene Vertrauen vermitteln, dann werden Sie auch auf der Sachebene anerkannt.

> „Es genügt nicht, zur Sache zu reden. Man muss zu den Menschen reden."
> (Stanislaw J. Lec)

Welche Fehler Sie vermeiden sollten

In Seminaren des Verfassers wurden immer wieder dieselben Fehler betont, die von den Vorgesetzten bei der Mitarbeiterführung und speziell in Mitarbeitergesprächen begangen werden. Insbesondere drei Hauptversäumnisse wurden genannt:

- zu wenig Zeit,
- zu wenig Information,
- fehlerhafte Kritik.

Dabei wird nicht zwangsläufig unterstellt, dass die Vorgesetzten nicht gesprächswillig seien. Häufig fehlt einfach die notwendige Zeit und Ruhe, um erfolgreiche Gespräche zu führen. Weitere Fehler sind in der folgenden Übersicht zusammengefasst.

Checkliste: Die häufigsten Fehler in Mitarbeitergesprächen

- Der Gesprächstermin wird zu kurzfristig festgesetzt, sodass die Mitarbeiter sich nicht richtig vorbereiten können.

- Der Gesprächsanlass ist nicht bekannt.

- An dem gewählten Gesprächsort mangelt es an Ruhe und Ungestörtheit.

- Die Mitarbeiter sind mit der Umgebung nicht vertraut und fühlen sich unsicher.

- Die Mitarbeiter werden vom Vorgesetzten ständig unterbrochen.

- Es werden zwar manche Details besprochen, aber es kommt zu keinem konkreten Ergebnis.

- Der Vorgesetzte spielt seine größere Gesprächserfahrung und hierarchische Stellung aus.

- Der Vorgesetzte trifft Entscheidungen, obwohl noch nicht alle Einzelheiten besprochen sind.

- Die wesentlichen Entscheidungen sind bereits gefallen und das Gespräch hat nur noch Alibifunktion.

Entscheidend ist, was der Mitarbeiter versteht

Über die aus der Vorgesetzten-Mitarbeiter-Situation resultierenden Probleme hinaus kann das Verständnis im Mitarbeitergespräch durch weitere Hindernisse beeinflusst werden.

Eine Information ist nicht das, was der jeweils Sprechende gerade sagt, sondern das, was beim Zuhörenden ankommt und verstanden wird.

Diese grundlegende Gesetzmäßigkeit gilt für jede Form der Kommunikation; sie wird verständlich, wenn wir uns für einen Augenblick mit dem so genannten Kommunikationsmodell befassen.

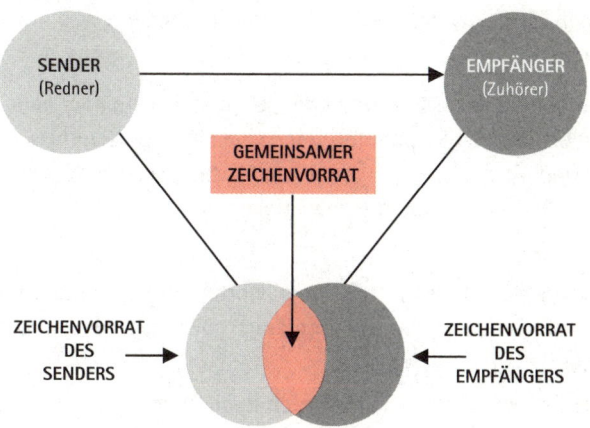

Beide Partner müssen die gleiche Sprache sprechen

Kommunikation besteht zunächst immer aus drei Faktoren:

- dem Sender (im Gespräch der jeweils Sprechende),
- dem Empfänger (im Gespräch der jeweils Zuhörende) und
- der eigentlichen Aussage.

Die Rolle des Senders und Empfängers wechselt ständig, je nachdem, wer gerade spricht. Probleme entstehen nun bei der Übermittlung der Nachricht. Denn der Sprechende (Sender) formuliert seinen Gesprächsbeitrag mit seinem persönlichen Zeichenvorrat. Das können verbale und nonverbale (körpersprachliche) Aussagen sein. Der Zuhörende (Empfänger) greift bei der Interpretation der Nachricht seinerseits auf den ihm eigenen Zeichenvorrat zurück, ebenfalls wieder verbal und nonverbal.

Unklarheiten und Missverständnisse entstehen immer dann, wenn Sender und Empfänger unterschiedliche Zeichen benutzen. Und dies ist leider nicht die Ausnahme, sondern die Regel. Zu Verständigungsschwierigkeiten kann es kommen, weil

- vom Sender Wörter (z.B. Fremdwörter oder Fachbegriffe) benutzt werden, die der Empfänger möglicherweise nicht kennt,
- der Sender Wörter mit mehreren Bedeutungen verwendet,
- der Sender mit Beispielen operiert, die für den Empfänger keine Aussagekraft haben,

- der Sender Informationen oder Vorerfahrungen voraussetzt, mit denen sich der Empfänger nur wenig oder gar nicht auskennt,

- der Sender nonverbale Äußerungen (z.B. bestimmte Gesten) verwendet, die vom Empfänger anders interpretiert werden können, als sie gemeint sind.

Welche Konsequenzen ergeben sich hieraus für das Mitarbeitergespräch? Sowohl der Vorgesetzte als auch der Mitarbeiter sollten durch aktives Zuhören, Nachfragen und gegenseitige Rückmeldung (Feedback) dazu beitragen, den gemeinsamen Zeichenvorrat kontinuierlich zu erhöhen. So nimmt die Klarheit über das Gesagte immer stärker zu und Fehlinterpretationen werden vermieden.

Kommunikation ist mehr als nur das gesprochene Wort. Nach der Theorie von Paul Watzlawick kann man nie nicht kommunizieren. Auch ein Schweigen, Sich-Umdrehen, Wegsehen oder Weggehen beinhalten für den Gesprächspartner eine Nachricht. Neben dem gesprochenen Wort sind auch Mimik, Gestik, Körperhaltung, Sprechweise usw. an der Kommunikation beteiligt. All dies wird unter dem Begriff „nonverbale Kommunikation" zusammengefasst und kann ebenso wie die verbale Kommunikation zu einer Reihe von Missverständnissen führen. Bedeutet z.B. ein Lächeln des Vorgesetzten bei einem Vorschlag des Mitarbeiters Zustimmung oder Überheblichkeit? Demonstriert ein Vorgesetzter durch verschränkte Arme Ablehnung, Desinteresse oder handelt es sich lediglich um eine bequeme Armhaltung?

Das Mitarbeitergespräch vorbereiten

Ein Großteil der Routinekommunikation zwischen Vorgesetzten und Mitarbeitern muss aus der Situation heraus spontan geführt werden – bei plötzlichen Sicherheitsverstößen, laufenden Arbeitsanweisungen oder zum Austausch von Informationen während der täglichen Zusammenarbeit. Die meisten Mitarbeitergespräche (z. B. Einführungs-, Beurteilungs-, Zielvereinbarungs- oder Fördergespräch) können dagegen geplant und vorbereitet werden.

Leider wird die Bedeutung der Gesprächsvorbereitung häufig unterschätzt. Mit Blick auf das Tagesgeschäft ist man schnell der Meinung, man habe die wesentlichen Aspekte des Gesprächsthemas im Kopf.

Durch eine angemessene Vorbereitung stellen Sie sicher, dass

- sich die Gesprächsdauer in einem angemessenen Rahmen hält,

- Sie sich nicht auf der Beziehungsebene festfahren,

- auch die Mitarbeiter ihre Anliegen in das Gespräch einbringen können,

- die Gesprächsziele erreicht werden oder man ihnen zumindest näher kommt und

- die Gespräche mit einem für beide Seiten akzeptablen Ergebnis enden.

Um nichts zu vergessen, sollten Sie besonders wichtige Gespräche schriftlich vorbereiten. Das zwingt Sie zu mehr Konsequenz und erlaubt Ihnen während des Gesprächs einen Rückgriff auf Ihre Vorüberlegungen.

Organisatorische Vorbereitung

Ob eine schriftliche oder mündliche Einladung erfolgt, hängt vom Gesprächsanlass ab. Zu komplexeren Gesprächen, die in einem festen Turnus stattfinden z.B. Zielvereinbarungs-, Jahres- oder Beurteilungsgespräch), können Sie den Mitarbeiter schriftlich einladen. Kurzfristigere und weniger umfangreiche Gespräche (z.B. ein Feedbackgespräch) werden meist mündlich abgesprochen. Wichtig ist vor allem, dass der Mitarbeiter rechtzeitig über Zeitpunkt, Ort und Anlass des Gesprächs informiert wird. Nur so kann auch er sich auf das Gespräch vorbereiten.

Termin und Ort sollten so gewählt werden, dass das Gespräch in Ruhe und ohne Unterbrechungen geführt werden kann. Die eigentliche Gesprächsdauer hängt vom jeweiligen Anlass und den beteiligten Personen ab; einen Richtwert gibt es nicht.

> Planen Sie nicht nur Zeit für Ihre eigenen Themen ein, sondern lassen Sie auch Raum für die Anliegen Ihres Gesprächspartners.

Und welcher Ort eignet sich am besten? Die meisten Mitarbeitergespräche werden sicherlich im Büro des Vorgesetzten geführt. Verschanzen Sie sich aber nicht hinter Ihrem Schreibtisch, sondern nutzen Sie z.B. einen geeigneten Besprechungstisch. Damit signalisieren Sie dem Mitarbeiter, dass das Gespräch für Sie eine besondere Bedeutung hat. Wenn Sie selbst über kein eigenes Büro verfügen, sollten Sie einen zentralen Besprechungsraum benutzen.

Auch der Arbeitsplatz des Mitarbeiters kann als Gesprächsort gewählt werden, wenn die notwendige Ruhe herrscht und die Vertraulichkeit sichergestellt ist. Durch ein Gespräch am Arbeitsplatz entziehen Sie der Vorgesetzten- Mitarbeiter- Situation, die für viele Mitarbeiter gesprächshemmend wirkt, ein Stück weit die Basis und schaffen Vertrauen beim Mitarbeiter.

Die wichtigsten Aspekte der organisatorischen Gesprächsvorbereitung sind in der nachfolgenden Checkliste zusammengefasst.

Checkliste: Organisatorische Gesprächsvorbereitung

	✓
▪ Wann findet das Gespräch statt?	
▪ Wurde genügend Zeit eingeplant	
– für das eigene Anliegen?	
– für die Anliegen des Mitarbeiters?	
▪ Wo findet das Gespräch statt?	
▪ Wurde (falls nötig) ein Besprechungsraum gebucht?	
▪ Ist der Besprechungsraum vorbereitet?	
▪ Sind Störungen ausgeschlossen?	
▪ Wurde der Mitarbeiter rechtzeitig informiert	
– über den Termin und Ort?	
– über den Gesprächsanlass?	
– über notwendige Vorbereitungen?	
▪ Sind alle benötigten Unterlagen vorbereitet?	
▪ Stehen die notwendigen Hilfsmittel zur Verfügung (z.B. Visualisierungshilfen, Block)?	
▪ Bestehen faire Sitzverhältnisse?	
▪ Steht eine Bewirtung bereit?	
▪ Gibt es weitere Gesprächsteilnehmer?	
– Sind diese über Zeitpunkt, Ort und Inhalt des Gesprächs informiert?	
– Wer übernimmt welchen Gesprächsteil?	

Inhaltliche Vorbereitung

Nach Art und Inhalt eines Gesprächs kann zwischen der Unterhaltung und dem Zweckgespräch unterschieden werden. Bei der Unterhaltung geht es lediglich um die Kontaktpflege zur anderen Person; andere Ziele sind im Allgemeinen nicht damit verbunden. Das Mitarbeitergespräch ist dagegen ein Zweckgespräch, das über die Kontaktpflege hinaus mit einer ganz bestimmten Absicht geführt wird.

Werden Sie sich über Ihr Gesprächsziel klar

Vorgesetzter und Mitarbeiter verfolgen im Mitarbeitergespräch ganz bestimmte Ziele, die sie erreichen wollen. Je mehr Klarheit über das verfolgte Ziel besteht, desto besser kann die Gesprächsführung darauf ausgerichtet werden und desto leichter kann überprüft werden, ob das Ziel auch erreicht wurde.

> Am Ende des Gesprächs sollte jeder Teilnehmer das Gefühl haben, etwas erreicht zu haben.

Das Gesprächsziel muss realistisch sein, d.h. im Mitarbeitergespräch müssen rechtlich mögliche und persönlich zumutbare Ziele vertreten werden. Um über die notwendige Flexibilität zu verfügen, ist in manchen Gesprächen zwischen einem wünschenswerten Maximalziel und dem mindestens zu erreichenden Minimalziel zu unterscheiden. Für den Fall, dass die ursprüngliche Zielrichtung aufgrund neuer, sich erst im Gespräch ergebender Tatbestände dennoch nicht verfolgt werden kann, können zusätzlich Alternativziele überlegt werden.

Beispiel: Gehaltsgespräch

Ein Mitarbeiter, der außerhalb der tariflichen Änderungen schon lange nicht mehr berücksichtigt wurde, hat um ein Gehaltsgespräch gebeten. Wegen der angespannten wirtschaftlichen Situation möchte der Vorgesetzte mit einer sehr niedrigen oder ganz ohne eine Gehaltserhöhung durchkommen und überlegt sich deshalb Alternativen, um den Mitarbeiter zufrieden zu stellen.

Maximalziel: Weder finanzielle noch sonstige Zusagen (das wäre allerdings unrealistisch, denn dann hätte der Mitarbeiter im Gespräch keinerlei Erfolgserlebnis).

Minimalziel: Kleine Erhöhung des Entgelts, welche die bestehenden Relationen in der Arbeitsgruppe nicht zerstört.

Alternativziele: Großzügige Genehmigung der Teilnahme an Weiterbildungsmaßnahmen oder neue, attraktivere Abgrenzung des Aufgabengebiets mit späterer Auswirkung auf das Gehalt.

Durch die Formulierung von Minimal- oder Alternativzielen besteht die Möglichkeit, dem Mitarbeiter auf jeden Fall eine Zusage machen zu können, sodass er nicht ohne jeden Erfolg aus dem Gespräch geht.

Checkliste: Inhaltliche Gesprächsvorbereitung

- Um was geht es (Gesprächsthema, -anlass)?

- Verfüge ich über ausreichend Informationen zum Gesprächsgegenstand?

- Welche Themen sollen im Gespräch angesprochen werden?

- Welches Gesprächsziel wird verfolgt?

- Gibt es noch Teil- oder Alternativziele, falls das Hauptziel nicht erreicht werden kann?

- Wie argumentiere ich, um meine Ziele zu erreichen?

- Mit welchen Einwendungen ist zu rechnen?

- Wie gliedere ich das Gespräch?

- Bin ich mit allen für den Gesprächsanlass relevanten Fakten vertraut?

Wie Sie sich auf den Gesprächspartner einstellen können

Kein Gespräch wird völlig sachlich verlaufen, denn schließlich reden zwei Menschen miteinander und nicht zwei Roboter. Je besser das Verhältnis zwischen den Gesprächspartnern ist, desto mehr wird das Gespräch auf der Sachebene geführt, d.h. Inhalte werden besser verstanden, miteinander besprochen, und das Gespräch führt zu einer echten Lösung, Einigung oder Entscheidung. Die nachfolgende Checkliste nennt Ihnen einige Aspekte, anhand derer Sie sich auf Ihren Gesprächspartner als Mensch einstellen können.

Checkliste: Vorbereitung auf den Gesprächspartner

- Welche Einstellung habe ich zum Gesprächspartner (Vorurteile, Sympathie, Antipathie, ...)?

- Wie schätze ich unsere Beziehung zueinander ein – auch aus seiner Sicht?

- Wie verliefen frühere Gespräche mit diesem Mitarbeiter?

- Was weiß ich über diesen Mitarbeiter (z. B. persönliche Situation, Gemeinsamkeiten, Lieblingsthemen, Eigenarten)?

- Welche Ziele und Motive verfolgt der Mitarbeiter?

- Welche Taktik wird er im Gespräch vermutlich anwenden?

- Bei welchen Aspekten ist mit Zustimmung zu rechnen, wann mit Einwendungen?

- Was kann ich tun, wenn das Gespräch zu emotional wird?

Darüber hinaus können Sie das folgende Formular bei wichtigen Mitarbeitergesprächen verwenden, für die eine schriftliche Vorbereitung erforderlich ist. Die Schriftlichkeit fördert die Verbindlichkeit; im Gespräch dient Ihnen das Vorbereitungsblatt als roter Faden.

Auch der Mitarbeiter sollte sich vorbereiten

Effiziente Gespräche zeichnen sich durch eine gute Vorbereitung beider Gesprächspartner aus. Bereiten Sie sich daher nicht nur selbst vor, sondern veranlassen Sie auch den Mitarbeiter hierzu. Bitten Sie ihn in der Gesprächseinladung ausdrücklich, sich ausreichend Gedanken zu machen. Unterstützen Sie die Vorbereitung des Mitarbeiters durch einen entsprechenden Fragenkatalog (z. B. beim Jahresmitarbeitergespräch oder beim Fördergespräch).

Bei der Mitarbeiterbeurteilung fordern manche Unternehmen die Mitarbeiter mit der Einladung auf, eine Beurteilung über sich selbst zu erstellen. Diese wird dann im Beurteilungsgespräch als erstes besprochen.

Formular Gesprächsvorbereitung

Gesprächsvorbereitung

Anlass:	Teilnehmer:
Ort:	Termin:
Gesprächsziel:	
Teilziele:	
Alternative Ziele:	

Meine wichtigsten Argumente:

Grobgliederung des Gesprächs:

Der Gesprächspartner:	
Besondere berufliche/ persönliche Situation:	
Besondere Eigenarten:	
Erwartete Einwendungen:	
Erfahrungen aus früheren Gesprächen:	

Techniken der Gesprächsführung

Ob Sie die richtigen Fragen stellen, aktiv zuhören oder einen Einwand zurückstellen – Sie haben viele Möglichkeiten, das Gespräch in eine sinnvolle Richtung zu lenken.

In diesem Kapitel erfahren Sie,

- mit welchen Maßnahmen Sie eine angenehme Gesprächsatmosphäre herbeiführen,
- welche Fragetechniken Sie anwenden können,
- wie Sie mit Einwendungen richtig umgehen,
- wie Sie überzeugend argumentieren und aktiv zuhören und
- wie ein Mitarbeitergespräch beispielhaft strukturiert ist.

Sorgen Sie für eine angenehme Gesprächsatmosphäre

Die Verantwortung für den Gesprächsablauf liegt beim Vorgesetzten. Er ist der Erfahrenere und hat auf die Einhaltung der grundlegenden Regeln der Gesprächsführung zu achten. Einseitige Monologe sind nicht gefragt; ein für beide Seiten sichtbarer Gesprächserfolg wird nur erreicht, wenn auch der Mitarbeiter ausreichend zu Wort kommt.

> Vom Vorgesetzten hängt es letztlich ab, ob er nicht nur zu, sondern auch mit seinem Mitarbeiter spricht.

Akzeptieren Sie, dass die Meinungen und Verhaltensweisen des Mitarbeiters oftmals von Ihren eigenen abweichen werden. Versuchen Sie, den Standpunkt des Mitarbeiters, seine Motive und Bedürfnisse nachzuvollziehen. Arbeiten Sie im Gespräch folgende Punkte deutlich heraus:

- die Sichtweise und Bedürfnisse Ihres Mitarbeiters,
- Ihre eigene Meinung und Motive sowie
- die daraus resultierenden Unterschiede.

Suchen Sie mit dem Mitarbeiter zusammen nach Lösungen, die für Sie beide annehmbar sind.

Im Folgenden finden Sie einige Regeln, die allgemein für die Gesprächsführung und für das Mitarbeitergespräch im Besonderen gelten.

Regeln zur Gesprächsführung

- Stellen Sie sicher, dass das Gespräch ohne störenden Umgebungslärm und Unterbrechungen durchgeführt werden kann. Wenn nur irgend möglich, sollte das Gespräch unter vier Augen geführt werden.

- Planen Sie genügend Zeit ein. Führen Sie keine Gespräche in Hast oder aus einer unmittelbaren Erregung heraus (Tipp: Eine Nacht darüber schlafen!). Verschieben Sie ein Gespräch, falls Gefahr besteht, dass es nicht zu Ende geführt werden kann.

- Schenken Sie Ihrem Gesprächspartner Aufmerksamkeit! Machen Sie deutlich, dass es während des Gesprächs nichts Wichtigeres als den Gesprächspartner und das Gesprächsthema gibt.

- Stellen Sie etwas Positives an den Beginn des Gesprächs (z.B. einen Hinweis auf eine jahrelange gute Zusammenarbeit). Allerdings darf diese positive Einleitung nicht über Gebühr ausgedehnt werden. Berücksichtigen Sie, dass Ihr Mitarbeiter irgendwann auch „zur Sache" kommen will.

- Legen Sie den Gesprächsablauf vorher fest, damit Sie nichts Wesentliches vergessen. Belassen Sie es aber bei einer Grobgliederung (Halbstrukturierung), damit Ihnen im Gespräch genügend Spielraum für flexible Reaktionen bleibt.

- Behalten Sie das Gesprächsziel im Auge. Gehen Sie auf Beiträge des Mitarbeiters, die über das eigentliche Thema hinausführen, zwar ein, versuchen Sie aber trotzdem, zum vorgesehenen Gesprächsinhalt zurückzuführen.

- Zeigen Sie Geduld. Fordern Sie Ihren Gesprächspartner auf, seine eigene Meinung zu formulieren, und hören Sie ihm aktiv zu. Lassen Sie Sprechpausen zu, auch wenn es schwer fällt, Schweigen und Stille zu ertragen. Damit signalisieren Sie Interesse und Sie geben dem Mitarbeiter Gelegenheit, einen eigenen Lösungsvorschlag zu formulieren. Nicht zuletzt gewinnen Sie dabei Zeit für die eigene Argumentation.

- Gehen Sie offen und ohne vorgefasste Meinung in das Gespräch; reagieren Sie flexibel und urteilen Sie nicht vorschnell.

- Sprechen Sie Negatives (z. B. im Kritikgespräch) zwar deutlich aus, aber ohne persönlichen Vorwurf. Kritik hat sich an der Sache und nicht an der Person zu orientieren. Führen Sie Kritik konstruktiv, indem Sie Hilfen anbieten und gemeinsam überlegen, was getan werden kann, um das Fehlverhalten künftig zu vermeiden.

- Scheuen Sie sich bei Fehleinschätzung einer Situation (z. B. im Beurteilungsgespräch) nicht, auch einmal einen eigenen Irrtum zuzugeben oder ein Urteil zu revidieren.

- Der Ton macht die Musik. Formulieren Sie sachlich und werden Sie nicht persönlich. Führen Sie das Gespräch nicht „zu kurz angebunden" oder in gereiztem Ton. Überprüfen Sie, ob Sie Ihre eigenen Formulierungen auch dem Gesprächspartner gestatten würden.

- Halten Sie die eigene Meinung zunächst zurück und lassen Sie erst den Mitarbeiter sprechen. Fordern Sie schüchterne Mitarbeiter ausdrücklich auf, sich zu äußern.

- Gehen Sie auf die Ausführungen Ihres Mitarbeiters ein. Nehmen Sie aber nicht zu früh Stellung, sonst beeinflussen Sie ihn womöglich.

- Urteilen Sie nicht vorschnell, sondern überprüfen Sie gegebenenfalls nochmals die Fakten. Zeigen Sie dem Mitarbeiter, dass Sie sich mit dem Anliegen befassen, indem Sie einen weiteren Gesprächstermin vereinbaren.

- Zeigen Sie im Gespräch Emotionen, soweit die Beziehung und das Vertrauen gegenüber Ihrem Gesprächspartner dies zulassen.

- Achten Sie im Gespräch auf Ihr eigenes nonverbales Verhalten, aber auch auf das Ihres Gesprächspartners. Insbesondere Informationen auf der Beziehungsebene werden nonverbal kommuniziert. Ihre Worte und Ihr nonverbales Verhalten dürfen sich nicht unterscheiden; andernfalls wirken Sie unglaubwürdig.

- Missverständnisse haben viele Ursachen: eine unterschiedliche Sprache, ungleiche Vorerfahrungen, gedankliche Abwesenheit im Gespräch. Seien Sie dafür sensibel und klären Sie Missverständnisse möglichst rasch auf.

- Behandeln Sie die Gesprächsinhalte vertraulich. Dies gilt besonders dann, wenn der Mitarbeiter Ihnen Persönliches anvertraut hat.

- Versprechen Sie nichts, was Sie nicht halten können. Ein Vorgesetzter kann z.B. nur selten ohne Rücksprache eine verbindliche Zusage über die Erhöhung des Arbeitsentgelts oder eine Versetzung machen; er kann allenfalls versprechen, sich dafür einzusetzen.

- Haben Sie Mut, ein Gespräch abzubrechen, wenn alle wesentlichen Argumente ausgetauscht sind und keine Weiterentwicklung in der Sache zu erwarten ist.

- Führen Sie ergebnisorientierte Mitarbeitergespräche; behalten Sie das Gesprächsziel im Auge. Fassen Sie Teilergebnisse zwischendurch immer wieder zusammen. Resümieren Sie am Ende des Gesprächs nochmals die wesentlichen Absprachen, um dem Mitarbeiter zu zeigen, was bei dem Gespräch erreicht wurde. Dies hilft auch Missverständnisse zu erkennen und frühzeitig aus dem Weg zu räumen. Treffen Sie verbindliche Vereinbarungen und halten Sie diese schriftlich fest.

- Führen Sie keine Alibigespräche, wenn bereits alle Entscheidungen verbindlich getroffen worden sind.

- Sorgen Sie für einen Gesprächsabschluss in gutem Einvernehmen – schließlich müssen Sie ja mit diesem Mitarbeiter weiter zusammenarbeiten. Vorher bestehende Missverständnisse sollten durch das Gespräch ausgeräumt sein.

Fragen – ein nützliches Instrument

Die Fragetechnik ist eines der wichtigsten Instrumente einer erfolgreichen Gesprächsführung. Das gilt auch für das Mitarbeitergespräch. Richtig gestellte Fragen nützen sowohl dem Vorgesetzten als auch dem Mitarbeiter.

- Unsichere und verschlossene Mitarbeiter können durch einfache Fragen zum Reden gebracht werden. Oft reichen schon einige vorbereitete Eröffnungsfragen, um die Anfangshemmungen zu überwinden oder die notwendige Gesprächsatmosphäre herzustellen.

- Wenn ein Gesprächspunkt abgehandelt ist, kann das Gespräch durch eine geeignete Frage weitergeführt werden. Oder es wird bewusst in eine erwünschte Richtung oder auf ein Problem gelenkt, das besprochen werden muss. Ein zurückhaltender Mitarbeiter kann durch Fragen zum Mitdenken oder zu einer Stellungnahme gezwungen werden.

- Hauptaufgabe einer richtig eingesetzten Fragetechnik ist sicherlich, dass sie dem Fragesteller die notwendigen Informationen verschafft. Bei vielen Gesprächsanlässen gilt es zunächst, Sachverhalte bzw. Probleme zu klären. Durch Fragen erfahren Sie aber auch mögliche Bedenken oder Einwendungen Ihrer Mitarbeiter, auf die Sie dann auch eingehen können.

- Durch treffende Fragen zur Sache signalisieren Sie Ihrem Mitarbeiter, dass Sie an seinen Aussagen interessiert sind. Außerdem verdeutlichen Sie Ihre Bereitschaft, dem anderen aktiv zuzuhören.

- Manchmal kann es auch notwendig sein, durch eine Frage zunächst etwas Zeit zu gewinnen, um sich auf diese Weise vor einer unüberlegten Antwort zu schützen. Fragen sind außerdem eine bewährte Methode, um auf Einwendungen zu reagieren.

Neben diesen vielen Vorteilen dürfen zwei Probleme beim Einsatz der Fragetechnik nicht verschwiegen werden: Die Frage soll weder zum bohrenden Ausfragen benutzt werden noch als ein Instrument, um Ihre Mitarbeiter zu manipulieren.

Die nachfolgend dargestellten Fragearten verdeutlichen recht anschaulich, welche Fragen für eine zielgerichtete, mitarbeiterorientierte Gesprächsführung geeignet sind. Für sämtliche Beispiele wurde als Anwendungssituation ein Einführungsgespräch unterstellt.

Wann bietet sich welche Frage an?

Es gibt verschiedene Arten von Fragen, die wir Ihnen im Folgenden vorstellen werden:

Offene Fragen

Offene Fragen lassen dem Befragten einen breiten Spielraum für die Antwort. Sie beginnen mit einem Fragewort (wozu, weshalb, womit, wieso, wie usw.) und können nicht mit „ja" oder „nein" beantwortet werden. Offene Fragen sind besonders gut geeignet, wenn umfassende Informationen erfragt werden sollen. Aber auch am Anfang eines Gesprächs oder bei schüchternen Mitarbeitern sind offene Fragen ein bewährtes Mittel, um das Gespräch in Gang zu bringen.

Beispiel:

 Welche Erfahrungen haben Sie mit der Tabellenkalkulation?

Geschlossene Fragen

Geschlossene Fragen beginnen mit einem Verb oder Hilfsverb. Sie lassen sich in der Regel nur mit „ja" oder „nein" beantworten. Geschlossene Fragen eignen sich zur Steuerung von Gesprächen und als Entscheidungsfragen. Aber Vorsicht: Wenn zu viele geschlossene Fragen eingesetzt werden, gerät das Gespräch zum „Verhör". Das stößt bei den Mitarbeitern auf Ablehnung.

Beispiel:

 Haben Sie Erfahrung mit der Tabellenkalkulation?

Steuerungsfragen

Steuerungsfragen, auch hinführende Fragen, sollen – in nicht zu plumper Weise – die Gedanken der Gesprächspartner auf einen erwünschten Gesprächspunkt bzw. Sachverhalt lenken.

Beispiel:

 Wie sah es in Ihrem früheren Betrieb mit Überstunden aus?

Alternativfragen

Alternativfragen (Entscheidungsfragen) geben dem Befragten Wahlmöglichkeiten für die nachfolgende Antwort vor. Bei richtiger Anwendung fällt die Antwort für den Fragesteller immer positiv aus.

Beispiel:

> Möchten Sie zunächst lieber am Projekt A oder am Projekt B mitarbeiten?

Kontrollfragen

Kontrollfragen dienen dazu festzustellen, ob die Partner einen Gedankengang nachvollzogen haben oder ob bestimmte Informationen oder Gesprächsergebnisse richtig verstanden wurden. Sie eignen sich auch für den Abschluss eines Gesprächs bzw. eines Teilabschnitts.

Beispiel:

> Wir sind uns also einig, dass Sie in der Projektgruppe A beginnen?

Ablenkungsfragen

Ablenkungsfragen (weiterführende Fragen) leiten zu einem neuen Aspekt über, ohne dass auf die vorhergehenden Aussagen – z.B. Einwände, Behauptungen – eingegangen wird. Dadurch können – falls erwünscht – Diskussionen mit dem Partner oder Korrekturen seiner Aussagen vermieden werden.

Beispiel:

> Mitarbeiter: Ich nehme an, dass ich den Firmenwagen auch privat nutzen kann!
>
> Vorgesetzter (der auf diese Frage nicht vorbereitet ist): Was für ein Auto fahren Sie eigentlich privat?

Fragearten, mit denen Sie vorsichtig umgehen sollten

Im Folgenden lernen Sie noch einige Fragearten kennen, die Sie, wenn überhaupt, nur äußerst behutsam einsetzen sollten:

- **Provozierende Fragen** sollen die Gesprächspartner aus der Reserve locken und damit die Diskussion in Gang bringen. Sie werden auch benutzt, um dem Partner Informationen herauszulocken, die er sonst möglicherweise zurückgehalten hätte. Wegen des negativen Einflusses auf die Gesprächsatmosphäre und der besonderen Situation sollten provozierende Fragen im Mitarbeitergespräch möglichst vermieden werden.

Beispiel:

Mussten Sie bei Ihrer früheren Tätigkeit auch einmal wirkliche Entscheidungen treffen?

- **Motivationsfragen** (stimulierende Fragen) sollen durch „partnerfreundliche" Formulierungen (Streicheleinheiten!) das Gesprächsklima positiv beeinflussen. Sie werden allerdings häufig als manipulativ, unehrlich oder als ironisch empfunden.

Beispiel:

Würden Sie mit Ihrer großen Erfahrung in der Tabellenkalkulation zunächst in der Arbeitsgruppe D arbeiten?

- **Suggestivfragen** beinhalten bereits eine Meinung und sollen bewirken, dass sich die Befragten dieser Meinung anschließen. Die Beeinflussung wird durch die Wörter *doch, auch, sicher, ebenfalls* usw. erreicht. Wegen ihres manipulativen Charakters stoßen Suggestivfragen auf Ablehnung und sollten weitgehend vermieden werden.

Beispiel

 Es macht Ihnen doch sicherlich nichts aus, gelegentlich einmal Überstunden zu machen?

- Bei einer **Gegenfrage** (Rückfrage) wird auf eine Frage des Partners nicht die mögliche Antwort gegeben, sondern mit einer Frage reagiert. Das verschafft in jedem Fall einen minimalen Zeitgewinn; außerdem bewirkt die Gegenfrage in vielen Fällen, dass die ursprüngliche Fragestellung abgewandelt wird bzw. völlig verloren geht oder vom Fragesteller selbst beantwortet wird. Häufig erbringt die Gegenfrage auch zusätzliche Informationen, an denen sich die spätere Antwort orientieren kann. Die Gegenfrage hat teilweise destruktiven Charakter oder wird als unhöflich empfunden. Deshalb sollte sie nur in Notsituationen eingesetzt werden.

  Die beiden einfachsten Formen der Gegenfrage liegen vor, wenn Sie so tun, als haben Sie die Frage Ihres Partners akustisch oder inhaltlich nicht verstanden.

Beispiele

Wie bitte?
Wie meinen Sie das?

Mit der Gegenfrage können auch ganz bestimmte gesprächstaktische Absichten verfolgt werden, wie sie schon bei den anderen Fragearten dargestellt wurden, z. B.:

– Gegenfrage als Ablenkungsfrage

– Gegenfrage als Kontrollfrage

– Gegenfrage als Suggestivfrage

– Gegenfrage als Alternativfrage

Regeln zur Fragetechnik

Einige der vorstehenden Beispiele zeigen, dass die Grenze zwischen fairem und unfairem Frageverhalten sehr eng sein kann. Sinn und Möglichkeiten der Fragetechnik wären verfehlt, wenn diese nur als Instrument einer destruktiven Gesprächsführung verstanden würde.

Neben dem Aspekt Fairness gibt es einige weitere Regeln, die grundsätzlich beachtet werden sollten:

- Stellen Sie nicht mehrere Fragen gleichzeitig! Sonst laufen Sie Gefahr, dass nur die einfacheren beantwortet werden und der Rest verloren geht.

- Geben Sie mit der Fragestellung keine Vorausinformationen, an denen sich die Befragten orientieren können.

Beispiel:

 Wollen Sie etwa fragen, ob Ihr neuer Mitarbeiter bereit ist, auch längere Reisen zu unternehmen, sollten Sie lieber den ersten Teil der folgenden Äußerung weglassen:

„Bei dieser Tätigkeit müssen Sie viel unterwegs sein! Reisen Sie gerne?"

- Lassen Sie dem Befragten Zeit zum Nachdenken; beantworten Sie Ihre Frage nicht zu schnell selbst!
- Stellen Sie nicht zu viele Suggestivfragen!
- Formulieren Sie Ihre Fragen kurz und eindeutig!

Mit Einwendungen richtig umgehen

Ihre Mitarbeiter werden nicht alle Ihre Vorschläge sofort akzeptieren. Es ist etwas ganz Normales, dass gelegentlich auch Einwendungen formuliert werden. Wichtig ist, wie Sie mit solchen Einwendungen umgehen. Gerade im Mitarbeitergespräch besteht die Gefahr, dass aufgrund der Vorgesetzten-Mitarbeiter-Situation ein Einwand schnell überspielt wird.

Es gibt zahlreiche Möglichkeiten, auf Einwände zu reagieren. Eine Regel gilt allerdings in jedem Fall: Der Mitarbeiter muss erkennen, dass Sie seinen Einwand ernst nehmen. Andernfalls wird er das Gespräch unzufrieden verlassen. Hören Sie den Einwand des Mitarbeiters in Ruhe an. Antworten Sie nicht zu rasch, sondern legen Sie vor Ihrer Antwort eine kurze Denkpause ein. Das wirkt glaubhaft und zeigt dem Mitarbeiter, dass Sie sich mit seinem Einwand auseinandersetzen. Außerdem gewinnen Sie selbst Zeit zum Nachdenken und können mit einer überzeugenden Antwort reagieren.

Einwand aufgreifen

Die überzeugendste Methode ist sicherlich, den Einwand aufzugreifen und darauf einzugehen. Das kann mit Hilfe folgender Formulierungen geschehen:

Beispiele

Sie meinen also, …
Sprechen wir darüber, was Ihnen nicht gefällt:
Warum sind Sie damit nicht einverstanden?

Gemeinsam überlegen

Eine ebenfalls bewährte Möglichkeit ist es, das Für und Wider eines Einwands gemeinsam zu erarbeiten. Bei einem besonders wichtigen Einwand kann das sogar schriftlich geschehen.

Beispiel:

Wir wollen doch einmal gemeinsam überlegen und aufschreiben, was dafür und was dagegen spricht: …

Einwand in Frageform wiederholen

Wenn Sie von einem Einwand überrascht werden, auf den Sie nicht vorbereitet sind, dann kann dieser zunächst in Frageform wiederholt werden. Das bringt auf jeden Fall einen kleinen Zeitgewinn. Außerdem fällt die Antwort zumeist viel weitschweifiger aus, teilweise wird der Einwand sogar selbst beantwortet.

Beispiel:

Sie meinen also, …

Rhetorische Zustimmung („Ja–aber-Methode")

Bereits mehr taktischer Natur ist die bekannteste Methode zur Einwandbehandlung, die so genannte „Ja-aber-Methode". Dem Partner wird zunächst rhetorisch zugestimmt, diese Zustimmung wird danach aber sofort wieder eingeschränkt. Statt des Wörtchens „Ja" werden auch andere zustimmende Formulierungen gebraucht.

Beispiele

 Sicherlich haben Sie recht, jedoch .../Da stimme ich Ihnen zu, allerdings .../Das ist richtig, obwohl .../Das sehe ich auch so, dennoch ...

Erwartete Einwendungen vorwegnehmen

Taktische Überlegungen herrschen auch vor, wenn ein Einwand vorweggenommen wird. Es handelt sich um eine Art vorweggenommenes „Ja, aber". Damit wird dem Partner das Gefühl vermittelt, dass Sie in seinen Problemkategorien denken.

Beispiel:

 Sie werden nun sicherlich einwenden, dass ... Jedoch ...

Einwand zurückstellen

Verbreitet ist auch die Methode, einen Einwand zunächst zurückzustellen. Das wirkt dann besonders glaubhaft auf den Partner, wenn der Einwand zusätzlich auch noch aufgeschrieben wird. Das Aufschreiben bietet aber keinerlei Gewähr dafür, dass der Einwand je wieder aufgegriffen wird.

Beispiel:

Auf diesen Einwand werde ich später eingehen, wir wollen zunächst noch über … sprechen.

Überhören

Zu den taktischen Varianten gehört auch das Überhören eines Einwands. Sie hören dem Partner zwar aufmerksam zu, gehen jedoch nicht auf den Einwand ein. Mancher Gesprächsteilnehmer wird in einem solchen Fall automatisch weitersprechen und zum nächsten Gedanken übergehen. Die Überhörmethode eignet sich besonders als Reaktion auf emotionale Einwendungen.

Beispiel:

Das sagen Sie doch nur, um mich zu provozieren!

Überzeugen statt überreden

Vorgesetzter und Mitarbeiter verfolgen im Gespräch in aller Regel unterschiedliche Gesprächsziele. Der Vorgesetzte möchte den Mitarbeiter für die eigene Sichtweise sowie die eigenen Ideen und Vorschläge gewinnen. Das sollte allerdings durch Überzeugen und nicht durch Überreden geschehen.

Überreden bedeutet, den Gesprächspartner geschickt zu manipulieren, um möglichst zügig dessen Zustimmung zu erhalten. Ein solcher Erfolg ist zumeist nur kurzfristig. Denn wenn der Gesprächspartner später Zeit und Ruhe hat, sich zu überlegen, wie seine Zustimmung zustande gekommen ist, wird er die Manipulation erkennen. Und damit ist das Vertrauen für weitere Gespräche beschädigt.

Die bessere Lösung ist, den Mitarbeiter unter Beachtung seiner Interessen sachlich zu überzeugen. Im Idealfall führt eine überzeugende Argumentation dazu, dass

- Sachverhalte gemeinsam analysiert werden,
- Meinungen, Bewertungen und Unterschiede der Gesprächspartner herausgearbeitet werden und
- eine Lösung gefunden wird, die für beide Seiten akzeptabel ist.

Die wichtigsten Regeln für eine überzeugende und kooperative Argumentation fasst die folgende Checkliste zusammen.

Checkliste: Überzeugend argumentieren

- Die eigenen Ziele und Argumente vorbereiten, mögliche Gegenargumente des Partners vorausdenken.
- Alternativen und Kompromisse zu den eigenen Zielen überlegen.
- Ziele und Absichten zu Beginn des Gesprächs offen ansprechen.
- Argumente logisch aufeinander aufbauen, nicht abschweifen.
- Nicht alle Argumente auf einmal vorbringen, um nicht die gesamte Munition gleich zum Beginn des Gesprächs zu verschießen.
- Schwächere Argumente zuerst, stärkere Argumente zum Schluss bringen (Prinzip der Steigerung).

- Die Sprache des Gesprächspartners sprechen.

- Bedürfnisse und Anliegen des Gesprächspartners berücksichtigen.

- Den Partner auffordern, eigene Ideen und Gedanken einzubringen.

- Auf die Argumente des Partners eingehen; offen sein, wenn sich daraus neue Erkenntnisse ergeben.

- Eigene Argumentation gegebenenfalls neu ausrichten

- Sprechpausen zulassen, die dem Gesprächspartner Zeit zum Überdenken geben.

Aktiv zuhören

Die mangelhafte Fähigkeit, dem anderen richtig zuzuhören, ist Ursache für viele Missverständnisse im Gespräch. Wer im Gespräch richtig zuhört,

- erhält von seinem Gesprächspartner wichtige Sachinformationen,

- bringt ihm gegenüber Wertschätzung zum Ausdruck,

- lernt dessen Meinungen, Wünsche und Bedürfnisse kennen und kann entsprechend darauf reagieren,

- gewinnt wichtige Anhaltspunkte für die eigene Argumentation,

- vermeidet Missverständnisse,

- regt den Gesprächspartner zum Weiterreden an und

- erarbeitet gemeinsam mit seinem Gesprächspartner echte Problemlösungen.

Zeigen Sie dem Mitarbeiter Ihre Bereitschaft zum aktiven Zuhören. Nehmen Sie sich Zeit und signalisieren Sie Aufmerksamkeit durch nonverbales Verhalten, z. B. durch Blickkontakt, zugewendete Sitzhaltung, Kopfnicken. Versuchen Sie, neben dem rein akustischen Verstehen zu erkennen, was der Mitarbeiter mit seinen Worten tatsächlich gemeint hat.

Bevor Sie sich ein eigenes Urteil aus Ihrer Sichtweise bilden, sollten Sie sich in die Lage Ihres Mitarbeiters versetzen. Versuchen Sie, seine Position einzunehmen. Erfragen Sie seine Motive und Bedürfnisse und arbeiten Sie die Differenzen heraus, ohne ihn zu verletzen. Erst wenn Sie die Unterschiede kennen, können Sie auch nach geeigneten Lösungen suchen.

Checkliste: Aktives Zuhören

- Vermeiden Sie es, aus dem Fenster zu sehen, mit Gegenständen zu spielen oder in den Unterlagen herumzumalen; dadurch drücken Sie Desinteresse aus.

- Sehen Sie nicht zu häufig auf die Uhr.

- Fragen Sie nach! So zeigen Sie Interesse an Ihrem Gesprächspartner, ermuntern ihn zum Weiterreden und klären, wenn Sie etwas nicht verstanden haben.

- Paraphrasieren Sie! Das bedeutet, dass Sie die sachliche Aussage Ihres Gesprächspartners mit eigenen Worten formulieren.

- Greifen Sie die Aussagen Ihres Gesprächspartners auf oder wägen Sie seine Argumente und Sichtweisen ab; auch so demonstrieren Sie Interesse.

- Fassen Sie die Gesprächsinhalte von Zeit zu Zeit zusammen. So sichern Sie wichtige Aussagen und Zwischenergebnisse und tragen zu einem strukturierten Gespräch bei.

- Stellen Sie fehlerhafte oder unlogische Äußerungen des Mitarbeiters richtig.

- Fassen Sie die Kernaussagen in eigenen Worten zusammen: „Habe ich Sie richtig verstanden, dass ...?"

- Hören Sie geduldig zu. Unterbrechen Sie Ihren Gesprächspartner nicht und lassen Sie ihm Zeit, seine Gedanken zu formulieren.

- Lassen Sie den Mitarbeiter aussprechen. Denken Sie nicht zu früh darüber nach, was Sie als nächstes fragen oder sagen wollen, denn dann hören Sie bereits nicht mehr zu.

So bauen Sie Mitarbeitergespräche auf

Für Mitarbeitergespräche kann es kein starres, jederzeit gültiges Ablaufschema geben. Wie bei vielen anderen Gesprächen ist der Ablauf nicht in allen Punkten exakt vorhersehbar. Außerdem dürfen die Mitarbeiter nicht das Gefühl haben, in eine festgeschriebene Gesprächsstruktur eingesperrt zu werden, die ihnen keine Gelegenheit gibt, ihre Vorstellungen in ausreichendem Maße einzubringen.

> Mitarbeitergespräche müssen unter Beachtung der jeweiligen Situation sowie der individuellen Eigenarten der beteiligten Personen geführt werden.

Bewährt haben sich halbstrukturierte Gespräche, bei denen der rote Faden vorgegeben wird und dennoch genügend Spielraum bleibt, um flexibel zu reagieren. Die abgedruckten Gliederungshilfen für die wichtigsten Gesprächsanlässe (siehe Kapitel „Regelmäßige Mitarbeitergespräche") können als Vorgabe für die Reihenfolge der einzelnen Gesprächspunkte verstanden werden oder auch nur als Hinweis auf mögliche Gesprächsinhalte. Außerdem tragen sie dazu bei, dass Sie sich bei etwas hitzigeren Gesprächssituationen nicht in Details verlieren, sondern in der eigentlichen Sache vorankommen.

Ein Gesprächsleitfaden für alle Fälle

Mit dem nachfolgenden Gesprächsleitfaden können Sie sich auf nahezu alle Mitarbeitergespräche vorbereiten. Sicherlich kann er Ihnen nicht die inhaltliche Argumentation abnehmen. Er trägt jedoch dazu bei, wesentliche Gesprächsteile nicht zu vergessen und das Gesprächsziel nicht aus den Augen zu verlieren. Darüber hinaus lässt er genügend Spielraum für unerwartete Richtungsänderungen im Gespräch.

Checkliste: Leitfaden zum Mitarbeitergespräch

1 Einleitung
- Höflichkeit und Freundlichkeit sind grundlegende Voraussetzungen eines jeden Gesprächs.
- Gehen Sie auf den Mitarbeiter zu, begrüßen Sie ihn und danken Sie ihm für sein Kommen.

- Setzen Sie sich mit ihm an einen geeigneten Tisch und unterstreichen Sie so die Bedeutung des Gesprächs.
- Stellen Sie einen persönlichen Kontakt her und tragen Sie so zu einem positiven und offenen Gesprächsklima bei.

2 Darstellung des Gesprächsanlasses

- Umreißen Sie den Gesprächsanlass und die Gesprächsziele.
- Stellen Sie dar, wie Sie im Gespräch vorgehen werden.
- Nennen Sie den Zeitrahmen.

3 Die Sichtweise des Mitarbeiters

- Idealerweise haben Sie den Mitarbeiter bei der Vereinbarung des Gesprächstermins veranlasst, sich selbst vorzubereiten.
- An dieser Stelle geben Sie ihm zunächst Gelegenheit, seine Sichtweise darzustellen.
- Unterbrechen Sie ihn in diesem Gesprächsabschnitt nicht, sondern machen Sie sich Notizen zu Punkten, auf die Sie später eingehen wollen. Fragen Sie jedoch nach, wenn Sie etwas nicht verstanden haben.

4 Ihre eigene Sichtweise

- Stellen Sie nun Ihre eigene Meinung dar, indem Sie seine Ausführungen bestätigen, korrigieren oder weiterführen.

5 Frustrationen abbauen

- Geben Sie dem Mitarbeiter Gelegenheit, seinen Gefühlen unumwunden Luft zu machen.
- Achten Sie an dieser Stelle nicht auf Sachlichkeit, sondern akzeptieren Sie die Emotionalität seiner Ausführungen.
- Kommentieren Sie diese Äußerungen nicht.
- Leiten Sie zum Kern des Gesprächs über.

6 Das sachliche Kerngespräch

- Arbeiten Sie gemeinsam mit dem Mitarbeiter die Unterschiede in den einzelnen Sichtweisen heraus.

- Suchen Sie gemeinsam nach Ursachen für diese unterschiedliche Betrachtungsweise.

- Suchen Sie nach Lösungen, die für Sie beide akzeptabel sind.

- Reden Sie nicht um den heißen Brei herum, sondern bringen Sie Ihre eigene Meinung deutlich zum Ausdruck und beziehen Sie Stellung.

- Seien Sie so flexibel, Ihre eigene Meinung zu ändern, wenn sich im Gespräch entsprechende Aspekte ergeben.

- Fassen Sie zusammen und sichern Sie Zwischenergebnisse.

- Behalten Sie das Gesprächsziel vor Augen.

7 Abschluss des Gesprächs

- Fassen Sie alle wichtigen Punkte noch einmal kurz zusammen.

- Vereinbaren Sie Ergebnisse und halten Sie diese schriftlich fest. Wer macht was bis wann?

8 Gesprächsauswertung

- Welche Maßnahmen müssen Sie veranlassen?

- Welche Gesprächsziele haben Sie erreicht?

- Welche neuen Erkenntnisse haben Sie über Ihren Gesprächspartner gewonnen und was sollten Sie bei zukünftigen Gesprächen beachten?

Regelmäßige Mitarbeitergespräche

Gespräche zu fest vereinbarten Regelterminen dienen in erster Linie dazu, sich über die gemeinsamen Ziele zu verständigen. Eines sollen diese turnusmäßigen Mitarbeitergespräche dabei aber nicht sein: eine bloße bürokratische Übung.

In diesem Kapitel lernen Sie die folgenden regelmäßig durchzuführenden Gesprächstypen kennen:

- das Zielvereinbarungsgespräch,
- das Beurteilungsgespräch,
- das Fördergespräch und
- das Jahresgespräch.

Was soll erreicht werden?
Das Zielvereinbarungsgespräch

Im Zielvereinbarungsgespräch stimmt der Vorgesetzte mit seinem Mitarbeiter ab, welche operativen Ziele dieser im Rahmen seiner Tätigkeit erreichen soll. Beide vereinbaren gemeinsam, welche Anforderungen innerhalb einer bestimmten Zeitspanne auf den Arbeitsplatz des Mitarbeiters zukommen, welche Aufgaben daraus erwachsen werden und welche Erwartungen der Vorgesetzte und der Mitarbeiter an die Erledigung dieser Aufgaben haben. Die Zielvereinbarung trägt zur Verbesserung der Kommunikation und Zusammenarbeit zwischen Vorgesetzten und Mitarbeitern bei, da die gegenseitigen Erwartungen klar definiert sind.

> Die Zeit, die Sie sich nehmen, um mit Ihren Mitarbeitern Ziele zu vereinbaren, ist keine „bürokratische Übung". Diese Zeit ist gut investiert. Denn nur wer die Richtung kennt, kann sein Handeln darauf ausrichten.

Wer klare Ziele hat, wird alle zur Verfügung stehende Energie und Kraft zielgerichtet und damit effizient einsetzen. In der Hektik des Tagesgeschäfts helfen Ziele, Prioritäten zu setzen. Nutzlose Aktivitäten werden vermieden.

Ziele sind darüber hinaus der Maßstab, mit dem Sie die Leistungen Ihrer Mitarbeiter messen können. Wenn der Mitarbeiter weiß, was von ihm erwartet und mit welchem Maßstab seine Leistung gemessen wird, kann er sich und seine Leistung eigenständig einschätzen und kontinuierlich verbessern. Dies führt zu einer Steigerung der Leistung.

Letztlich haben Ziele eine Orientierungsfunktion. Sie vermitteln dem Mitarbeiter, in welcher Weise er mit der Erreichung seiner Ziele am Unternehmenserfolg mitarbeitet.

Kriterien für eine Zielvereinbarung

Die Formulierung von Zielvereinbarungen ist nicht einfach. Oft handelt es sich in der Praxis um reine Tätigkeitsbeschreibungen, wie sie bereits in Stellenbeschreibungen enthalten sind. Bei der Vereinbarung von Zielen geht es aber nicht in erster Linie darum, was ein Mitarbeiter zu tun hat, sondern welches Ergebnis er erreichen soll. Demnach geben Ziele an, was am Ende einer vereinbarten Zeitspanne erreicht sein soll. Sie sind also eindeutig definierte Endpunkte einer gewollten und planbaren Entwicklung.

Gut formulierte Zielvereinbarungen beschreiben einen Endzustand, der zu einem bestimmten Zeitpunkt erreicht sein soll. Dabei muss dem Mitarbeiter ausreichend Gestaltungsspielraum auf dem Weg dorthin eingeräumt werden. Über diese grundsätzlichen Anforderungen an eine Zielvereinbarung hinaus sind weitere Kriterien zu beachten.

Ziele müssen fordern, aber nicht überfordern

Zielvereinbarungen sollen dazu beitragen, den Mitarbeiter und sein Aufgabengebiet im Sinne des Unternehmensziels weiterzuentwickeln. Wer nicht gefordert wird, um das gesteckte Ziel zu erreichen, für den wird die Zielerreichung kein Erfolgserlebnis sein.

Auf der anderen Seite darf die Messlatte nicht so hoch angelegt sein, dass der Mitarbeiter von Anfang an daran zweifelt, die vereinbarten Ziele überhaupt erreichen zu können. Wenn ihm die Aufgabenstellung zu schwierig erscheint, wird er sie immer vor sich herschieben oder sie nur halbherzig beginnen. Es ist die Aufgabe des Vorgesetzten, spätestens im Zielvereinbarungsgespräch den Mitarbeiter und seinen Reifegrad in Bezug auf die konkrete Aufgabenstellung zu beurteilen und das richtige Maß zu finden.

> Bleiben Sie realistisch; unterscheiden Sie zwischen dem, was wünschenswert ist, und dem, was in einem angemessenen Zeitraum und mit angemessenem Aufwand erreicht werden kann.

Ziele müssen präzise formuliert und messbar sein

Formulieren Sie das erwartete Ziel eindeutig, vermeiden Sie ungenaue und schwammige Ausdrücke, z.B. „Versuchen Sie Ihr Bestes!" Denn der Mitarbeiter muss zum einen genau wissen, was ein Ziel beinhaltet, und er muss sich zum anderen darüber bewusst sein, anhand welcher Kriterien die Zielerreichung gemessen wird. Legen Sie eine eindeutige Zeitspanne oder einen bestimmten Zeitpunkt für die Zielerreichung fest. Beschreiben Sie genau, welches Ergebnis erwartet wird. Achten Sie auf die Messbarkeit der vereinbarten Ziele.

Relativ einfach ist die Bewertung quantitativer Ziele. Sie können durch Kennzahlen und absolute Werte gemessen werden.

Beispiel:

Die Fluktuationsquote sinkt bis Ende 6/20XX auf maximal 5 %.

Das Personalkostenbudget (Gehälter, Reise, Fortbildung) der Abteilung überschreitet im Planungszeitraum den genehmigten Betrag von X Euro nicht.

Etwas schwieriger ist die Formulierung qualitativer Ziele. Legen Sie hierfür beschreibende Kriterien fest, anhand derer Sie gemeinsam mit dem Mitarbeiter die Zielerreichung überprüfen. Maßstäbe für die Zielerreichung können beispielsweise sein:

- Einhaltung von Terminen,
- Häufigkeit von Rücksprachen,
- Rückmeldungen von Kunden,
- beobachtbare Veränderungen, wie weit ein angestrebter Zustand erreicht ist.

Beispiel:

Für die Einarbeitung in das Erstellen, Interpretieren und Präsentieren von Statistiken könnten die beschreibenden Kriterien wie folgt lauten:

Der Mitarbeiter beschafft sich eigenständig die notwendigen Daten und Fakten und bereitet sie auf.

Er bespricht seine Interpretation mit dem Vorgesetzten und stimmt sie mit ihm ab.

Danach bereitet er die Präsentation der wichtigsten Statistiken für die Geschäftsleitung vor.

Zielvereinbarungen verlangen nach Konstanz

Grundsätzlich sollen sich Ziele an einer mittel- bis langfristigen Unternehmensausrichtung orientieren. Überprüfen Sie die Ziele Ihrer Mitarbeiter dahingehend, dass sie logisch aufeinander aufbauen und mit der angestrebten Unternehmensentwicklung einhergehen. Diese Konstanz benötigt der Mitarbeiter als Orientierungshilfe; sie gewährt ihm außerdem die notwendige Zeit, Erfahrung und Routine zu erwerben, um das Ziel zu erreichen.

Stellen Sie auch sicher, dass verschiedene Ziele nicht zueinander in Widerspruch stehen oder zu Lasten anderer Bereiche gehen. Berücksichtigen Sie außerdem, dass der Mitarbeiter bei der Zielerreichung nicht zu sehr von anderen Mitarbeitern oder sogar von Ihnen selbst abhängen darf. Einerseits macht dies die Zielerreichung für ihn schwieriger und andererseits hat er schnell eine Entschuldigung, wenn ein Ziel nicht erreicht wurde.

Wechseln Sie die Zielrichtungen nicht sprunghaft. Die Zeiten sind zwar schnelllebig, aber die Rahmenbedingungen ändern sich nicht von einem Tag auf den anderen. Menschen benötigen ein Mindestmaß an Orientierung. Wenn dennoch in bestimmten Situationen einmal ein Wechsel erforderlich ist (z.B. als Reaktion auf bei der Vereinbarung der Ziele nicht vorhersehbare Entwicklungen am Markt), dann muss dieser schnell erfolgen, damit Ihre Mitarbeiter nicht noch monatelang an überholten Zielvorgaben arbeiten. Erklären Sie ihnen die Hintergründe für diesen Wechsel.

Weniger ist mehr – das gilt auch für Zielvereinbarungen. Wer zu viel auf einmal erreichen will, läuft Gefahr, gar nichts zu erreichen. Konzentrieren Sie sich auf das Wesentliche. Bewährt haben sich drei bis fünf Ziele pro Zielvereinbarungszyklus.

Halten Sie die Zielvereinbarungen schriftlich fest

Alles, was aufgeschrieben wird, ist besser durchdacht, als wenn es nur gedanklich abgehandelt wird. Schriftlichkeit fördert darüber hinaus die Verbindlichkeit, d.h., der Mitarbeiter wird sich der Zielerreichung stärker verbunden fühlen. Letztlich dient Ihnen die schriftliche Zielvereinbarung als Arbeitsgrundlage für das Leistungsmanagement Ihres Mitarbeiters. Vereinbaren Sie Zwischenziele, um die Zielerreichung im Auge zu behalten. Zur Kontrolle der Zwischenziele eignet sich das Gespräch zur Ziel- und Arbeitsüberprüfung (siehe Abschnitt „Zur besseren Verständigung: Feedbackgespräche").

Zielbindung

Ziele werden vereinbart, nicht vorgegeben, deshalb findet die endgültige Zielvereinbarung im Gespräch statt.

Stellen Sie sicher, dass sich die Mitarbeiter den Zielen verpflichtet fühlen. Beteiligen Sie die Mitarbeiter an der Zielfindung und -vereinbarung.

Zielvereinbarungsgespräche dürfen keine Alibigespräche sein. Die Mitarbeiter kennen ihren Aufgabenbereich am besten und können daher wertvolle Informationen beitragen. Wenn Sie Ihre Mitarbeiter über die übergeordneten Ziele informieren, können sie diese ebenfalls einbeziehen. Ziele, an denen man mitgearbeitet hat, motivieren stärker als solche, die gesetzt wurden.

Bereiten Sie das Gespräch gut vor

Die vorstehenden Kriterien verdeutlichen, dass sowohl Sie als auch Ihr Mitarbeiter sich auf das Zielvereinbarungsgespräch ausreichend vorbereiten sollten:

- Informieren Sie den jeweiligen Mitarbeiter rechtzeitig über den Gesprächstermin.

- Fordern Sie ihn auf, sich hinsichtlich der künftigen Ziele seines Verantwortungsbereichs Gedanken zu machen.

Die wichtigsten Vorüberlegungen des Vorgesetzten und des Mitarbeiters für ein Zielvereinbarungsgespräch sind in der folgenden Checkliste zusammengefasst.

Checkliste: Vorbereitung auf das Zielvereinbarungsgespräch

Vorgesetzter
- Information über die mittelfristigen (strategischen) Ziele des Unternehmens
- Künftige Ausrichtung des eigenen Bereichs/der eigenen Abteilung
- Einbettung des eigenen Bereichs in die Unternehmensstrategie

- Aus den Bereichszielen abgeleitete Schwerpunktaufgaben des Mitarbeiters

- Interne und abteilungsübergreifende Zusammenarbeit

- Zu beachtende Rahmenbedingungen

- Gegebenenfalls notwendige Qualifizierungsmaßnahmen

Mitarbeiter

- Welche Schwerpunktaufgaben in der Abteilung sieht der Mitarbeiter

- Vorschläge zur künftigen Übernahme neuer oder anderer Aufgaben

- Mittelfristige Ziele

- Erforderliche Mittel zur Zielerreichung

- Gegebenenfalls notwendige Qualifizierungsmaßnahmen

- Persönliche Entwicklungsziele

Leitfaden für ein Zielvereinbarungsgespräch

Das Zielvereinbarungsgespräch kann sich entweder nur auf die Vereinbarung von Zielen erstrecken oder als Jahresmitarbeitergespräch auch die Beurteilung und weitere Förderung des Mitarbeiters einbeziehen. Der folgende Leitfaden umfasst nur die Zielvereinbarung.

Leitfaden „Zielvereinbarungsgepräch"

1	Gesprächseröffnung
	– Anlass des Gesprächs klären
	– Grundsätzliches zum Führen mit Zielen
	– bisherige Erfahrungen mit Zielvereinbarungen
2	Bereichsziele aus dem übergeordneten Zielsystem besprechen und auf den Aufgabenbereich des Mitarbeiters herunterbrechen
3	Darstellung zukünftiger Anforderungen an den Arbeitsplatz und daraus resultierender Aufgaben durch den Mitarbeiter
4	Kommentierung und Weiterführung der Darstellungen des Mitarbeiters durch den Vorgesetzten
5	Inhaltliche Vereinbarung zwischen dem Vorgesetzten und dem Mitarbeiter über konkrete Ziele, Schwerpunkte und Prioritäten
6	Diskussion vorhersehbarer Probleme und Schwierigkeiten bei der Zielerreichung

7   Vereinbarung der Rahmenbedingungen

- Maßstäbe zur Überprüfung der Zielerreichung (Quantität, Qualität, Kosten)
- Termine für Zwischenüberprüfungen
- Zeitspanne bzw. Endtermin

8   Überprüfung der Ressourcen des Mitarbeiters: Verfügt der Mitarbeiter über notwendige und ausreichende Kenntnisse und/oder Fertigkeiten?

9   Gegebenenfalls zusätzliche Qualifizierungsmaßnahmen festlegen

10 Überprüfen der Kompetenzen, um notwendige Entscheidungen treffen zu können

11 Zeitliche Kapazitäten des Mitarbeiters selbst bzw. der Mitarbeiter, die ihm unterstellt sind

12 Finanzielle Mittel

13 Schriftliche Dokumentation der Ziele und Vereinbarungen

14 Gesprächsabschluss

Zur besseren Einschätzung: das Beurteilungsgespräch

Das Beurteilungsgespräch bildet den Abschluss der Mitarbeiterbeurteilung. Es ist eine wesentliche Voraussetzung für die Akzeptanz der Beurteilung durch die Beurteilten. Die Beurteilung wird nur Erfolg haben und zu Leistungssteigerungen und Verhaltensänderungen beitragen, wenn die Mitarbeiter verstehen, warum der Vorgesetzte bestimmte Leistungen und Verhaltensweisen als Stärke oder Schwäche bewertet. Im Gespräch tauschen Beurteiler und Beurteilte gegenseitig ihre Bewertungen hinsichtlich des Leistungsergebnisses und des Leistungsverhaltens aus. Sie lernen die Erwartungen der jeweils anderen Seite kennen und verständigen sich darüber. Dadurch werden die Transparenz und die Nachvollziehbarkeit des Verfahrens für den Mitarbeiter sichergestellt.

Beurteilungsgespräche können Karrieren bestimmen

Inhaltlich hat das Beurteilungsgespräch viel mit dem Feedbackgespräch gemeinsam, bei dem es auch darum geht, gute Leistungen anzuerkennen und unzureichende Leistungen zu verbessern. Allerdings hat das Beurteilungsgespräch eine wesentlich umfassendere Bedeutung. Während es sich beim Feedbackgespräch um eine Momentaufnahme handelt, hat das Beurteilungsgespräch weit reichende Konsequenzen. Das Gesprächsergebnis geht in die Personalakte ein; es wird für weiterführende Entscheidungen wie Gehaltserhöhungen, Versetzungen oder Beförderungen herangezogen und prägt insgesamt die Sichtweise des Vorgesetzten gegenüber dem Mitarbeiter.

Das Beurteilungsgespräch stellt hohe Anforderungen an die Beteiligten. Unterschiedliche Sichtweisen müssen akzeptiert werden, woraus eventuell eine Korrektur der Beurteilung resultieren kann. Die Bereitschaft hierzu darf nicht als Schwäche empfunden werden. Nur wenn diese Einstellung bei den Beteiligten vorhanden ist, bietet das Beurteilungsgespräch eine reelle Chance auf Verbesserung der Zusammenarbeit und damit höhere Zufriedenheit auf beiden Seiten.

Ich habe in Seminaren die Erfahrung gemacht, dass in vielen Fällen Vorgesetzte und Mitarbeiter dem Beurteilungsgespräch mit gemischten Gefühlen gegenüberstehen:

- Der Vorgesetzte sieht sich häufig in einer Rechtfertigungssituation. Von ihm wird erwartet, seine Bewertungen stichhaltig zu begründen und zu erläutern.

- Der Beurteilte seinerseits sieht dem Beurteilungsgespräch oftmals mit einem Gefühl der Hilflosigkeit, des Ausgeliefertseins und mit Skepsis entgegen.

Nur in Ausnahmefällen wird das Bild des Vorgesetzten (Fremdbild) dem eigenen Bild (Selbstbild) entsprechen.

Kein Beurteilungsgespräch ohne Vorbereitung

Auch für ein erfolgreiches Beurteilungsgespräch ist eine intensive Vorbereitung eine wesentliche Voraussetzung. Der Mitarbeiter muss rechtzeitig über den Gesprächstermin informiert werden, damit er ausreichend Gelegenheit hat, sich vorzubereiten. Nur so erfährt der Beurteiler die Selbsteinschätzung und Bedürfnisse des Mitarbeiters. Als Vorbereitungshilfe können Sie ihm auf einem gesonderten Bogen die Beurteilungskriterien mit der zugehörenden Erläuterung (Handanweisung) zur Verfügung stellen.

Der Vorgesetzte sollte sich über die organisatorischen Fragen hinaus (Termin, Ort, Information des Mitarbeiters usw.) unbedingt auf den Inhalt des Gesprächs vorbereiten. Die folgenden Fragen können dabei hilfreich sein:

Checkliste: Vorbereitung auf das Beurteilungsgespräch

	✓

- Habe ich regelmäßig und fortlaufend beobachtet?
- Habe ich meine Beobachtungen während des Beurteilungszeitraums durchgeführt?
- Liegt meiner Bewertung eine ausreichende Anzahl von Einzelbeobachtungen zugrunde?
- Habe ich meine Beobachtungsprotokolle regelmäßig geführt oder mir anderweitig Notizen gemacht?
- Habe ich meiner Beurteilung den richtigen Bewertungsmaßstab zugrunde gelegt?
- Habe ich mich von meinen Idealvorstellungen leiten lassen?
- Kann ich Beurteilungsfehler weitestgehend ausschließen?
- Kann ich meine Beurteilung durch sachliche, stichhaltige und abgesicherte Daten und Fakten begründen, die aus eigener Beobachtung stammen?
- Welches sind die wichtigsten Punkte der Beurteilung und wie sollen sie im Gespräch angesprochen werden?

- Wie schätze ich den Mitarbeiter typmäßig ein und wie wird er im Gespräch reagieren?

✓

- Mit welchen Einwendungen ist im Gespräch zu rechnen?

- Zu welchem Ergebnis soll das Beurteilungsgespräch führen?

- Habe ich dem Mitarbeiter ausreichend Zeit gegeben, um sich seinerseits auf das Gespräch vorzubereiten?

Tipps für das Beurteilungsgespräch

Führen Sie kein Beurteilungsgespräch, wenn Sie nur unzureichend vorbereitet sind. Bedenken Sie die Chancen und Risiken, die aus einem Beurteilungsgespräch resultieren können! Leichtfertige und oberflächliche Beurteilungen können sich ideell und materiell auf den Beurteilten auswirken.

- Kündigen Sie das Beurteilungsgespräch immer rechtzeitig an, damit der Mitarbeiter ausreichend Gelegenheit hat, sich darauf vorzubereiten. Nur so erfahren Sie seine Selbsteinschätzung und Bedürfnisse.

- Begründen Sie Ihre Beurteilungen immer nur durch sachliche, stichhaltige und abgesicherte Daten und Fakten, die aus eigener Beobachtung stammen.

- Reden Sie nicht um den heißen Brei herum, wenn es um heikle Themen geht; beziehen Sie Stellung und finden Sie deutliche Worte.

- Konzentrieren Sie sich nicht ausschließlich auf die eigene Argumentation. Hören Sie auch die Argumentation Ihres Mitarbeiters an, um Emotionen zu erkennen und darauf reagieren zu können.

- Seien Sie offen und flexibel, wenn sich die Argumentation des Mitarbeiters als richtig herausstellt. Ändern Sie Ihre Beurteilung entsprechend.

- Versuchen Sie, im Beurteilungsgespräch Überraschungen zu vermeiden. Sprechen Sie vorwiegend solche Punkte an, die Sie auch schon in den Feedbackgesprächen erwähnt haben. Das Beurteilungsgespräch stellt eine Art Gesamtschau dar; es wäre nicht fair, ein Fehlverhalten erst im Beurteilungsgespräch anzusprechen, das zunächst toleriert wurde.

So strukturieren Sie das Beurteilungsgespräch richtig

Wie bei anderen Mitarbeitergesprächen auch ist der Ablauf eines Beurteilungsgesprächs nie exakt vorhersehbar.

- Verstehen Sie die vorgeschlagenen Ablaufstufen als roten Faden, damit Sie keine Details vergessen.

- Bleiben Sie im Gespräch flexibel; lassen Sie den Mitarbeiter ausreichend zu Wort kommen.

Leitfaden „Beurteilungsgespräch"

1 Interesse wecken durch einen positiven Gesprächseinstieg

Fallen Sie nicht mit der Tür ins Haus, aber reden Sie auch nicht um den heißen Brei herum. Sprechen Sie den Mitarbeiter zunächst auf etwas an, was ihn persönlich betrifft (z.B. ein Projektergebnis, eine interessante Aufgabe, ein privates Ereignis). Steigen Sie dann zügig in das Beurteilungsgespräch ein und erläutern Sie Zielsetzung und Vorgehensweise.

2 Selbstbeurteilung des Mitarbeiters

Geben Sie zunächst dem Mitarbeiter Gelegenheit zu erläutern, wie er sich selbst beurteilt. Hören Sie aktiv zu und machen Sie sich gegebenenfalls Notizen. Unterbrechen Sie nur, wenn Sie weitere Erläuterungen benötigen.

3 Vorgesetzteneinschätzung

Erläutern Sie nun Ihre eigene Sichtweise. Ergänzen, bestätigen und/oder korrigieren Sie die Selbstbeurteilung des Mitarbeiters. Begründen Sie Ihre Einschätzung anhand von Daten und Fakten.

Vermeiden Sie, mit einer Gesamtbeurteilung der Leistungen zu beginnen oder den Beurteilungsbogen Punkt für Punkt durchzugehen. Vielmehr hat es sich in der Praxis bewährt, die eigene Argumentation auf den grundlegenden Verhaltensweisen des Mitarbeiters aufzubauen und deren Auswirkungen auf seine einzelnen Aufgabenbereiche aufzuzeigen. Mit dieser Vorgehensweise wird eine differenzierte, nachvollziehbare, individuelle und damit insgesamt überzeugende Beurteilung des Mitarbeiters sichergestellt.

4 Gelegenheit für Emotionen

Geben Sie dem Mitarbeiter Gelegenheit, Unzufriedenheit, Ärger oder Enttäuschung zu äußern. Akzeptieren Sie, dass es in diesem Moment nicht um Sachlichkeit, sondern um Emotionalität geht. Versuchen Sie, die Gefühle und die darin verborgenen Motive und Bedürfnisse des Mitarbeiters zu erkennen.

5 Zurück zur Sachlichkeit

Arbeiten Sie gemeinsam übereinstimmende und abweichende Meinungen heraus. Suchen Sie dabei nach Ursachen für Stärken und Schwächen und nach Lösungsmöglichkeiten. Verzichten Sie auf Monologe; beteiligen Sie den Mitarbeiter an der Erarbeitung von Lösungen und übertragen Sie ihm so eine Mitverantwortung dafür.

6 Ergebnis sichern

Im Idealfall schätzt Ihr Mitarbeiter zu diesem Zeitpunkt seine Leistungen ähnlich ein, wie Sie es tun. Halten Sie die wichtigsten Punkte des Beurteilungsgesprächs sowie die vereinbarten Maßnahmen schriftlich fest:

- Welche Erwartungen haben Sie zukünftig an die Leistungen und das Verhalten des Mitarbeiters?
- Welche Hilfestellungen werden Sie ihm geben?
- Wie und mit welchen Maßstäben werden Sie kontrollieren?

Änderungen in der Beurteilung sind möglich

Die im Gespräch erzielten Ergebnisse sollten schriftlich festgehalten werden. Die Aufzeichnungen bilden die Grundlage und den Anknüpfungspunkt für künftige Gespräche. Außerdem können Sie die Umsetzung vereinbarter Ziele und anderer Absprachen besser überprüfen.

Für den Gesprächserfolg ist es wichtig, dass Sie sich nicht ausschließlich auf Ihre eigene Argumentation konzentrieren. Hören Sie sich die Sichtweise des Mitarbeiters an. Nur so können Sie Emotionen erkennen und darauf reagieren. Wenn sich die Argumentation des Mitarbeiters als richtig herausstellt, ändern Sie die Beurteilung. Doch beziehen Sie auch bei heiklen Themen Stellung und sprechen Sie unzureichende Leistungen deutlich an. Diese Gratwanderung wird dann erfolgreich sein, wenn es im Beurteilungsgespräch nicht zu unvorhersehbaren Überraschungen kommt.

> Erläutern Sie Ihre Beurteilung immer anhand von Daten und Fakten. Nennen Sie konkrete Situationen und Ereignisse, zu deren Gelegenheit Sie das angesprochene Verhalten beobachtet haben. Stellen Sie gegebenenfalls durch Kontrollfragen sicher, dass der Mitarbeiter die Dinge so versteht, wie Sie sie gemeint haben.

Wenn keine Einigung erzielt werden kann

Kann keine Einigung erzielt werden, sollte der Vorgesetzte noch stärker darauf achten, dass die gegenseitigen Positionen klar und transparent herausgearbeitet werden, damit beide Gesprächspartner die Meinung des anderen zumindest nachvollziehen, wenn schon nicht akzeptieren können. Die eigentliche Beurteilung wird dann gemäß der Sichtweise des Vorgesetzten ausfallen; dem Mitarbeiter sollte Gelegenheit zu einer Gegendarstellung gegeben werden, die zusammen mit der Beurteilung in die Personalakten eingeht. Manche Beurteilungsverfahren sehen eine entsprechende Rubrik bereits im Beurteilungsbogen vor.

Motivierend: das Fördergespräch

Bildung und Förderung der Mitarbeiter gehören zu den Führungsaufgaben jedes Vorgesetzten. Dabei geht es im Wesentlichen um folgende Aspekte:

- Immer mehr Mitarbeiter streben von sich aus nach Aufstieg und Weiterbildung; sie wollen anspruchsvollere Aufgabenbereiche mit mehr Kompetenzen und Verantwortung übernehmen.

- Durch den technisch-organisatorischen Wandel sowie die ständigen Veränderungen am Markt ändern sich auch die Arbeitsaufgaben. Die Qualifikation der Mitarbeiter muss unabhängig von ihrem Leistungsstand ständig an die wechselnden Arbeitsanforderungen angepasst werden.

- Neue oder leistungsschwache Mitarbeiter müssen durch Bildungsmaßnahmen unterstützt werden, damit sie möglichst rasch die Anforderungen ihres Arbeitsplatzes erfüllen.

- Die Mitarbeiter können nach § 82 Abs. 2 BetrVG verlangen, dass ihre weiteren beruflichen Entwicklungsmöglichkeiten mit ihnen erörtert werden.

Das Fördergespräch ist der zentrale Baustein der Personalentwicklung. Im Fördergespräch werden die weitere berufliche Entwicklung eines Mitarbeiters sowie die erforderlichen
Förder- und Bildungsmaßnahmen abgestimmt. Neben den
Fähigkeiten und Neigungen der Mitarbeiter sind die betrieblichen Möglichkeiten zu beachten. Wegen ihrer Bedeutung für
die berufliche Entwicklung der Mitarbeiter werden Fördergespräche in vielen Unternehmen in regelmäßigem Turnus,
z. B. alle zwei Jahre, durchgeführt. Zusätzlich können sie auch
anlassabhängig, z. B. im Rahmen einer Nachfolgeentschei-
dung, oder auf Wunsch der betroffenen Mitarbeiter stattfinden.

Wer ist dafür zuständig?

Das Fördergespräch kann entweder in Verbindung mit dem
Beurteilungsgespräch oder separat geführt werden. Die Zu-
ständigkeit für dieses Gespräch liegt zunächst beim direkten
Vorgesetzten, denn er kennt die Stärken, Schwächen und
Potenziale seiner Mitarbeiter am besten. Es gibt allerdings
zwei wichtige Gründe, warum der unmittelbare Vorgesetzte
diese umfassende Förderaufgabe eventuell nicht wahrnehmen
kann:

- Entweder der Vorgesetzte ist nicht der Methodenspezialist,
  der durch eine sinnvolle Zusammenstellung von Maßnahmen zu einer effektiven Förderung beiträgt, oder

- er verfügt nicht über alle Informationen, insbesondere
  wenn es um die Entwicklung außerhalb der eigenen Abteilung geht.

Daher empfiehlt sich eine enge Zusammenarbeit zwischen dem Vorgesetzten und der Personalentwicklung bzw. –abteilung. Insbesondere zwei Varianten der Zusammenarbeit sind denkbar, wobei beide eine enge Abstimmung zwischen den Beteiligten voraussetzen:

- Der Vorgesetzte und der Personalentwickler besprechen vorab die spezifische Ausgangssituation eines jeden Mitarbeiters und diskutieren die jeweiligen Entwicklungsmöglichkeiten. Das eigentliche Fördergespräch führt der Vorgesetzte dann allein.

- Der Vorgesetzte übernimmt die Fördergespräche für Mitarbeiter, die sich vorwiegend innerhalb seiner Abteilung entwickeln werden. Der Personalentwickler übernimmt dagegen die Fördergespräche für solche Mitarbeiter, deren Entwicklung voraussichtlich abteilungsübergreifend stattfinden wird.

Wie Sie das Fördergespräch vorbereiten

Laden Sie rechtzeitig und möglichst schriftlich ein. Nutzen Sie alle vorhandenen Informationen (die letzte Beurteilung, Protokolle der letzten Mitarbeitergespräche, die Personalakte) und bereiten Sie sich so auf die individuelle Entwicklungssituation Ihres Mitarbeiters vor.

Wegen der Bedeutung des Fördergesprächs ist es ganz besonders wichtig, dass auch der Mitarbeiter sich umfassend vorbereitet. Senden Sie Ihrem Mitarbeiter zusammen mit der Einladung ein Vorbereitungsblatt oder einen Fragenkatalog zu, damit auch er sich problemlos vorbereiten kann.

Checkliste: Vorbereitung des Mitarbeiters auf das Fördergespräch

- Waren Ihnen in der Vergangenheit Ihre Arbeitsziele ausreichend bekannt?
- Was hat Sie in der Vergangenheit bei Ihrer Arbeit besonders behindert oder begünstigt?
- Welche Arbeitsziele sehen Sie für die Zukunft als wichtig an?
- Mit welchen technischen oder organisatorischen Änderungen ist zu rechnen?
- Konnten Sie in der Vergangenheit alle Ihre Fähigkeiten zum Einsatz bringen?
- Sehen Sie eine andere Tätigkeit als geeigneter an?
- Welche Erwartungen haben Sie an das Unternehmen hinsichtlich Ihrer beruflichen Weiterbildung?
- Welche Position im Unternehmen streben Sie an?
- Decken sich Ihre eigenen Erwartungen mit den Notwendigkeiten des Unternehmens?

Wie Sie ein Fördergespräch aufbauen

Das Fördergespräch baut auf den Daten der Personalentwicklungsdatei, den Ergebnissen von Mitarbeiterbeurteilungen, Befragungen oder Auswahlseminaren (Assessment Centern) und den Entwicklungsempfehlungen des Vorgesetzten auf. Es bietet dem Mitarbeiter Gelegenheit, seine Entwicklungsbedürfnisse zu präzisieren.

Manchen Mitarbeitern fällt es schwer, ihre Wünsche und Vorstellungen zu artikulieren. Aufgrund ihres begrenzten Erfahrungshorizonts verfügen sie vielfach nicht über ausreichende Informationen über die möglichen Entwicklungsalternativen. Ihnen diese darzulegen ist wesentliche Aufgabe des Vorgesetzten.

Verschaffen Sie Ihrem Mitarbeiter im Gespräch die notwendige Transparenz über die vorhandenen Entwicklungsmöglichkeiten. Als Informationsgrundlage dient das bekannte organisatorische Instrumentarium (Organisations- und Stellenpläne, Stellenbeschreibungen) und – falls vorhanden – personenunabhängige Laufbahnmodelle. Den eigentlichen Inhalt des Fördergesprächs bilden dann die endgültige Abstimmung über die weitere berufliche Entwicklung des Mitarbeiters (individuelle Entwicklungsplanung) und die Festlegung der begleitenden Bildungsmaßnahmen.

Leitfaden „Fördergespräch"

1 Positiver Gesprächseinstieg: Ein freundlicher Empfang des Mitarbeiters, verbunden mit einer kurzen Erläuterung des Gesprächsanlasses sowie einem Überblick über den weiteren Verlauf, dürften ausreichend sein.

2 Sprechen Sie zunächst über die bisherigen Aufgaben des Mitarbeiters. Gehen Sie auf die Vorbereitungen des Mitarbeiters ein. Erfragen Sie Ziele, Erwartungen, Interessen und Wünsche. Geben Sie dem Mitarbeiter Gelegenheit, auf der Basis seiner eigenen Gesprächsvorbereitung seine Sichtweise darzustellen. Unterstützen Sie ihn, wenn nötig, mit den folgenden Fragen:

– Was ist gut gelaufen und warum?

– Was ist nicht so gut gelaufen und warum nicht?

– Was hat Spaß gemacht und was hat Frust erzeugt?

– Welche Ziele hat der Mitarbeiter für das nächste Jahr?

Unterbrechen Sie ihn nur, wenn Sie etwas nicht verstanden haben und deshalb nachfragen müssen.

3   Legen Sie nun Ihre eigene Sichtweise dar. Informieren Sie über die Ergebnisse von Beurteilungen, Befragungen oder Potenzialerhebungen. Gehen Sie dabei auf die Ausführungen des Mitarbeiters ein, indem Sie seine Ausführungen bestätigen, korrigieren und/oder ergänzen sowie Gemeinsamkeiten und Abweichungen aufzeigen und begründen.

4   Beachten Sie, dass sich nicht alle Mitarbeiter weiterentwickeln wollen, um weiterführende Aufgaben zu übernehmen.

5   Orientieren Sie sich neben den betrieblichen Erfordernissen auch an den Bedürfnissen und Erwartungen der Mitarbeiter.

6   Überlegen Sie gemeinsam, wie die Erwartungen, Wünsche oder Interessengebiete des Mitarbeiters mit den betrieblichen Möglichkeiten in Übereinstimmung gebracht werden können.

7   Legen Sie die Fördermaßnahmen (z. B. eine Nachfolgeregelung) sowie die begleitenden Bildungsmaßnahmen fest.

8   Besprechen Sie

– die genauen Inhalte und Lernziele,

– die grobe Zeitplanung,

– die notwendigen finanziellen Mittel

– in welcher Weise Sie selbst den Mitarbeiter bei der Entwicklung unterstützen werden und

- wie der Entwicklungsfortschritt beobachtet und sichergestellt werden soll.

9 Beenden Sie das Gespräch mit einem Ergebnis. Veränderungen finden nur statt, wenn sie verbindlich vereinbart werden. Halten Sie das Gesprächsergebnis schriftlich fest.

Eins statt drei: das Jahresgespräch

Das Jahresmitarbeitergespräch ist eine in vielen Betrieben praktizierte Variante, bei dem die drei in diesem Kapitel bereits genannten Gespräche zusammengefasst werden: das Beurteilungsgespräch, das Fördergespräch und das Zielvereinbarungsgespräch.

Das mag nach Rationalisierung klingen, wenn statt drei Gesprächen nur noch ein einziges geführt wird. Dies ist jedoch nicht der entscheidende Grund für die Zusammenfassung. Das Jahresmitarbeitergespräch hat vielmehr den großen Vorteil, dass die wichtigsten Punkte der übergreifenden Personalführung zusammenhängend besprochen werden können: Die Beurteilung kann auf der Basis der vorangegangenen Zielvereinbarungen durchgeführt werden. Soweit Leistungsdefizite vorliegen, können geeignete Bildungsmaßnahmen vereinbart werden. Die künftige Förderung wird auf die neu vereinbarten Ziele und Aufgaben abgestimmt.

Ein Jahresgespräch kostet mehr Zeit, als die verschiedenen Gespräche einzeln zu führen. Für die Vorbereitung gelten die bisher dargestellten Empfehlungen sinngemäß. Der Ablauf ähnelt demjenigen der zuvor besprochenen Gespräche. Der folgende Leitfaden stellt ein Minimalprogramm dar.

Checkliste: Inhalte eines Jahresmitarbeitergesprächs

- Gesprächseröffnung
- Leistungen/Zusammenarbeit in der Vergangenheit
  - Welche vereinbarten Ziele und Leistungsstandards wurden erreicht?
  - Welche Faktoren haben den Mitarbeiter dabei unterstützt?
  - Welche Faktoren haben ihn behindert?
  - Wie liefen Zusammenarbeit, Kommunikation und Unterstützung durch den Vorgesetzten?
- Ziele und Vereinbarungen für das Folgejahr
  - Ziele, Aufgaben und Leistungsstandards
  - Maßnahmen zur Verbesserung der Zusammenarbeit
  - Förder- und Entwicklungsmaßnahmen
  - Unterstützung durch den Vorgesetzten
  - Sonstige Vereinbarungen
- Gesprächsabschluss

Anlassabhängige Mitarbeitergespräche

Anlassabhängige Mitarbeitergespräche finden unregelmäßig und je nach Bedarf auch mehrmals pro Jahr statt. Abhängig von der jeweiligen Situation sollen Sie als Vorgesetzter ein klärendes Feedback initiieren bzw. mit entsprechendem Feedback reagieren.

In diesem Kapitel erfahren Sie,

- wie Sie neue Mitarbeiter im Vorstellungsgespräch kennenlernen und in die neue Tätigkeit einführen,

- zu welchen Anlässen Sie ein Feedbackgespräch führen können,

- wie Sie ein Rückkehrgespräch mit länger abwesenden Mitarbeitern führen,

- welche Vorteile ein Abgangsgespräch nach einer Kündigung bringt,

- wie Sie Know-how in einem Unterweisungsgespräch weitergeben und

- wie Sie eine Mitarbeiterbesprechung mit mehreren Kollegen durchführen.

Wie Sie neue Mitarbeiter einführen

Das erste Mitarbeitergespräch nach Eintritt in ein Unternehmen ist das Einführungsgespräch. Vorher fand jedoch schon (mindestens) ein Gespräch mit dem neuen Mitarbeiter statt: das Vorstellungsgespräch.

Ein Vorstellungsgespräch ist nach unserer Definition noch kein Mitarbeitergespräch. Denn der Bewerber befindet sich zu diesem Zeitpunkt ja noch nicht in dem dafür typischen Abhängigkeitsverhältnis. Da jedoch die Fachvorgesetzten häufig an der Personalauswahl beteiligt werden oder sich ihre künftigen Mitarbeiter selbst auswählen, wird das Vorstellungsgespräch hier behandelt.

Vor der Einstellung: das Vorstellungsgespräch

Beim Vorstellungsgespräch geht es darum zu erkennen, ob ein Bewerber für eine bestimmte Position geeignet ist. Neben einer Vielzahl von Auswahlmethoden – Analyse der Bewerbungsunterlagen, biographischer Fragebogen, Testverfahren usw. – spielt das persönliche Gespräch nach wie vor eine zentrale Rolle. In vielen Unternehmen ist das Vorstellungsgespräch auch heute noch das einzige Instrument, um eine Auswahlentscheidung zu treffen. Wenn umfassende Auswahlverfahren (z. B. ein Assessment Center) durchgeführt werden, so sollte mindestens ein persönliches Gespräch Bestandteil des Verfahrens sein.

Worum geht es in Vorstellungsgesprächen?

Basis im Vorstellungsgespräch ist das Anforderungsprofil der zu besetzenden Stelle. Im Gespräch gilt es festzustellen, ob und in welchem Umfang der Bewerber über die im Anforderungsprofil definierten Fähigkeiten verfügt. Bei fachlichen Fähigkeiten ist dies relativ einfach; sie sind in Ausbildungs- und Arbeitszeugnissen dokumentiert. Dagegen lassen sich die überfachlichen Qualifikationen („soft skills") wie z.B. Teamfähigkeit, Zielstrebigkeit oder eigenverantwortliches Handeln mit Hilfe der schriftlichen Bewerbungsunterlagen kaum zuverlässig beurteilen. Je mehr solcher überfachlicher Qualifikationen im Anforderungsprofil verlangt werden, desto wichtiger wird eine Überprüfung im persönlichen Gespräch.

Dabei gilt es, so viel Praxisbezug wie möglich in das Gespräch einzubringen. Dies erreichen Sie über die so genannte situative Gesprächsführung.

Situative Gesprächsführung

Situative Gesprächsführung bedeutet im Vorstellungsgespräch, den Bewerber mit möglichst vielen, praxisnahen Situationen zu konfrontieren. Themen im Rahmen dieser situativen Gesprächsführung sind zunächst real existierende Erfahrungen des Bewerbers. Dahinter steht der Gedanke, dass ein Bewerber nur über Dinge, die er tatsächlich selbst erlebt hat, umfassend und überzeugend Auskunft geben kann. Wer dagegen über etwas detailliert Auskunft geben soll, das er nur vom Hörensagen kennt, gerät schnell ins Stocken und wirkt in der Regel unglaubwürdig.

Geben Sie sich nicht mit oberflächlichen Antworten des Bewerbers zufrieden, sondern haken Sie nach, um auch die Details seiner Erfahrungen zu erfahren.

Beispiel:

Interviewer:	Wie beurteilen Sie sich in Bezug auf eigenverantwortliches Denken und Handeln?
Bewerber:	Das kann ich besonders gut.
Interviewer:	Warum? Beschreiben Sie doch bitte einmal eine Situation, in der Sie eigenverantwortlich denken und handeln mussten.
Bewerber:	Als Studenten haben wir in regelmäßigen Abständen einen Informationstag für Unternehmer veranstaltet. Wenn sich da nicht jeder für seinen Bereich verantwortlich gezeigt hätte, wäre die Veranstaltung nie zustande gekommen.

Unerfahrene Interviewer geben sich mit diesen Antworten oft schon zufrieden. Tatsächlich haben Sie zu diesem Zeitpunkt aber nur die persönliche Einschätzung des Bewerbers erfahren. Fragen Sie also weiter, werden Sie detaillierter!

Beispiel:

Interviewer:	Welche konkreten Aufgaben hatten Sie bei dieser Veranstaltung übernommen?
Bewerber:	Ich war für das Sponsoring verantwortlich.
Interviewer:	Wie sind Sie vorgegangen, um Sponsoren zu gewinnen?

Weitere Fragen könnten lauten:

- Welches Ihrer Gespräche mit einem potenziellen Sponsor war besonders erfolgreich und warum?

- Gab es Gespräche, bei denen Sie Ihren Gesprächspartner nicht vom Sponsoring überzeugen konnten und warum hat er sich dagegen entschieden?

Eine situative Gesprächsführung erreichen Sie auch durch fiktive Situationen. Sie konfrontieren den Bewerber mit bekannten, gegebenenfalls kritischen Situationen des künftigen Arbeitsplatzes und erhalten so einen Eindruck, wie er mit der entsprechenden Situation umgehen würde. Das folgende Beispiel verdeutlicht, wie kunden- und serviceorientiert ein Bewerber in einer kritischen Situation reagieren würde.

Beispiel:

 Stellen Sie sich vor, Sie sind Einkäufer in einem mittelständischen Unternehmen. Zu Ihrem Aufgabengebiet gehört die Beschaffung von Geschäftswagen für die Mitglieder der Geschäftsleitung. Heute steht der neue Personaldirektor in Ihrem Büro und bittet um die Beschaffung eines Geschäftswagens mit besonderen Ausstattungsmerkmalen, für die Sie eigentlich die Unterschrift des Geschäftsführers benötigen. Wie reagieren Sie?

In solchen Gesprächssituationen neigen die Bewerber dazu, zunächst aus der „Vogelperspektive" zu beschreiben, wie sie sich in der jeweiligen Situation verhalten würden. Oder sie antworten im Sinne der „sozialen Erwünschtheit", d.h. wie sie glauben, dass der Gesprächspartner dies gerne hören möchte.

Rollenspiel

Zuverlässigere Antworten erhalten Sie, wenn Sie die jeweils geschilderte Situation in ein Rollenspiel umgestalten. So beschränkt sich der Bewerber nicht darauf zu beschreiben, was er tun würde, sondern muss sofort agieren.

Beurteilen Sie die Reaktion des Bewerbers:

- Wie ist sein allgemeines Verhalten?

- Bleibt er trotz der gespannten Situation ruhig und besonnen?

- Sucht er nach einer akzeptablen Lösung für das Problem?

Das Rollenspiel birgt dabei noch einen weiteren Vorteil: Sie können von der grundsätzlich geforderten, freundlichen und offenen Atmosphäre im Vorstellungsgespräch abweichen und – in angemessenem Umfang – als schwieriger Gesprächspartner auftreten. So konfrontieren Sie den Bewerber unmittelbar mit kritischen Situationen.

> Stellen Sie beim Einsatz von Rollenspielen deutlich heraus, wann das Rollenspiel beendet ist und wieder zu der freundlichen und offenen Gesprächsatmosphäre eines Vorstellungsgesprächs zurückgekehrt wird.

Jede Position und jeder Bewerber sind anders, weshalb auch jedes Vorstellungsgespräch anders verlaufen wird. Wie bei anderen Gesprächen kann auch der nachfolgende Leitfaden lediglich als Anregung für den Gesprächsablauf dienen; er kann in dieser Form gleichzeitig als Protokoll benutzt werden. Überlegen Sie jedoch vorab,

- wie Sie im Vorstellungsgespräch wichtige Punkte des Anforderungsprofils klären werden (z.B. Teamfähigkeit, PC-Kenntnisse),

- welche Informationen Sie aus den Unterlagen des jeweiligen Bewerbers detaillierter erfragen wollen (z.B. Kündigungsgründe),

- welche Fragen trotz Bewerbungsunterlagen noch offen sind (z. B. Eintrittstermin, Gehaltsvorstellungen).

Leitfaden „Vorstellungsgespräch"

Abteilung:		Bewerber:	
Position:		Gespräch am:	
Vorgesetzter:		Andere Teilnehmer:	

1 Gesprächsbeginn

- Begrüßung des Bewerbers
- „Warming up": angenehme Atmosphäre schaffen (Fragen zur Anreise usw.)
- sich selbst und alle anwesenden Gesprächspartner mit Namen und Funktion vorstellen
- den Ablauf des Gesprächs kurz skizzieren

2 Bisheriger Werdegang des Bewerbers

- den Bewerber zunächst seinen bisherigen Werdegang schildern lassen
- nervöse Bewerber zu diesem Zeitpunkt nur unterbrechen, wenn unbedingt erforderlich
- nachhaken, wenn etwas unklar ist bzw. wenn Sie den Grund für gewisse Entscheidungen wissen möchten oder detailliertere Informationen benötigen

3 Heutiges Aufgabengebiet

- Aufgaben und Kompetenzen
- typischer Tagesablauf
- Welche Aufgaben werden gern/ungern erledigt?

- kritische Situationen
- Grund für den angestrebten Wechsel

4   Zukünftiges Aufgabengebiet
- Erwartungen und Ziele
- Worauf wird besonders viel Wert gelegt (Betriebsklima,
- Teamarbeit, gleitende Arbeitszeit usw.)?
- welche Dinge werden abgelehnt

5   Situative Fragestellungen
- wichtige Aspekte des Anforderungsprofils hinterfragen
- Erfahrungen des Bewerbers einbeziehen
- fiktive Situationen zur Diskussion stellen

6   Fragen zum Unternehmen
- Wie sind Sie auf unser Unternehmen und die aus-
  geschriebene Position aufmerksam geworden?
- Warum haben Sie sich bei uns beworben?
- Was wissen Sie über unser Unternehmen und unsere
  Produkte?

7   - Vorstellung des Unternehmens und der zu besetzenden
    Position.
    Informieren Sie den Bewerber offen und ehrlich, damit
    auch er sich ein realistisches Bild von Ihrem Unterneh-
    men machen kann. Dazu gehören:
- das Unternehmen und seine Marktposition
- Produktpalette/Dienstleistungen
- die zu besetzende Position (Aufgaben, Umfeld, ...)
- vertragliche Fragen (Sozialleistungen, Arbeitszeiten
  usw.)

8   Offene Fragen des Bewerbers klären

9   Abschließende Formalitäten
   – frühestmöglicher Eintrittstermin
   – derzeitiges Gehalt
   – erwartetes Gehalt
   – gesundheitliche Einschränkungen

10   Gesprächsabschluss
   – dem Bewerber das weitere Verfahren erläutern
   – Dank für das Gespräch aussprechen
   – Verabschiedung

Zu Beginn der Tätigkeit: das Einführungsgespräch

Das Verhältnis neuer Mitarbeiter zum Betrieb wird in starkem Maße von den Geschehnissen und Eindrücken während der ersten Arbeitswochen mitbestimmt. Die Erfahrung zeigt, dass die Fluktuationsrate in der ersten Zeit nach erfolgtem Eintritt besonders hoch ist. Selbst wenn die problematische Situation auf dem Arbeitsmarkt manchen vor einer kurzfristigen Kündigung zurückhält, so ist bei einer falschen Einführung zumindest ein erster Schritt in Richtung „innere Kündigung" nicht auszuschließen.

Ein ausführliches Einführungsgespräch sollte nicht nur mit neu eingestellten Mitarbeitern, sondern auch bei Versetzungen und Beförderungen vorhandener Mitarbeiter geführt werden. Dazu gehören auch Auszubildende und Trainees, die im Rahmen eines festen Plans die einzelnen Abteilungen des Unternehmens durchlaufen.

Neue Mitarbeiter brauchen Hilfe

All diese Situationen haben eines gemeinsam: Die neuen Mitarbeiter betreten neues, unbekanntes Terrain. Sie müssen sich auf neue Aufgaben, neue Kollegen sowie einen neuen Vorgesetzten einstellen. Ihr Zugehörigkeits- und Sicherheitsgefühl wird damit stark gemindert. Auf vertraute Gewohnheiten können sie kaum zurückgreifen; sie müssen sich vielmehr völlig neu orientieren.

Für den Vorgesetzten gilt es, den neuen Mitarbeiter sowohl in sein Aufgabengebiet einzuweisen als auch ihn mit den vielen geschriebenen und ungeschriebenen Gesetzen der Betriebsgemeinschaft vertraut zu machen.

> Die ersten Eindrücke beeinflussen die weitere Entwicklung eines neuen Mitarbeiters erheblich. Fördern Sie deshalb die schnelle Integration ins Team und vermitteln Sie ein Zugehörigkeitsgefühl vom ersten Tag an.

Nervöse Reaktionen, Fragen oder ungewöhnliche Verhaltensweisen des neuen Mitarbeiters, die in der ersten Zeit auftreten, sollten nicht überbewertet werden. Denn die neue Umgebung übt auf den Mitarbeiter Druck und Stress aus, sodass er gerade in dieser Zeit nicht immer in der für ihn eigentlich typischen Weise reagiert. Echte Fehler sollten zwar besprochen, jedoch nicht dramatisiert werden.

Erste Maßnahmen werden bereits vor der Arbeitsaufnahme erforderlich. Dazu zählen u.a.:

- die Einrichtung oder Vorbereitung des Arbeitsplatzes (Schreibtisch, Werkbank, Geräte, Dienst- und Schutzkleidung usw.),

- die Bereitstellung von Organisationsplänen, Arbeitsanweisungen, Stellenbeschreibungen,

- die Auswahl und Vorbereitung eines „Paten", der dem neuen Mitarbeiter als Kontaktperson benannt wird, ihn während der ersten Wochen betreut und ihm als Gesprächspartner zur Verfügung steht,

- die Information der künftigen Kollegen über die Ankunft des neuen Mitarbeiters.

Begrenzen Sie die notwendigen Informationen zum Unternehmen auf einen Überblick und verweisen Sie auf eventuell vorhandene andere Einführungsinstrumente (Einführungsschrift, Einführungsveranstaltung für neue Mitarbeiter). Wichtiger ist es, den Ablauf des ersten Tages zu erläutern und auf das Aufgabengebiet des neuen Mitarbeiters einzugehen. Letztlich sollten die gegenseitigen Erwartungen geklärt werden, d.h. was der neue Mitarbeiter von seinem Aufgabengebiet, dem Team sowie dem Vorgesetzten erwartet. Andererseits soll auch der Vorgesetzte benennen, welche Aufgaben der neue Mitarbeiter wann beherrschen soll, welche Kriterien er für das Feedback und eine Beurteilung zugrunde legt und welche Rolle der neue Mitarbeiter im Team spielen soll.

Checkliste: „Einführungsgespräch"

- Planen Sie am ersten Tag genügend Zeit für ein erstes Gespräch mit dem neuen Mitarbeiter ein.

- Stellen Sie sich ihm vor und erläutern Sie kurz Ihre Funktion und Aufgaben.

- Geben Sie dem neuen Mitarbeiter Gelegenheit, sich selbst vorzustellen.

- Mut zur Lücke! Beschränken Sie sich auf die für den ersten Tag wirklich wichtigen Informationen. Vermeiden Sie Monologe und zu lange Unternehmensdarstellungen, um den „Neuen" nicht mit Informationen zu überfordern.

- Berücksichtigen Sie, dass der neue Mitarbeiter nicht alle Informationen aus dem Einführungsgespräch behalten wird. Unterstützen Sie Ihre Ausführungen durch eine Einführungsschrift oder stellen Sie anderweitig sicher, dass er die wichtigsten Informationen nach dem Gespräch erneut einholen kann (z. B. von dem Kollegen, der ihn einarbeiten soll, oder von einem Paten).

- Damit Sie einen guten ersten Eindruck von dem neuen Mitarbeiter erhalten, sollte sein Redeanteil in diesem Einführungsgespräch deutlich höher sein als Ihr eigener.

- Ermutigen Sie den neuen Mitarbeiter, von sich selbst zu sprechen; geeignete Themen sind die bisherige Tätigkeit, dabei gesammelte Erfahrungen usw.

- Greifen Sie aus seinen Ausführungen die Dinge heraus, die am neuen Arbeitsplatz ähnlich sind. Damit stärken Sie sein Sicherheitsgefühl.

- Vermeiden Sie Vorurteile; der neue Mitarbeiter soll sich seine eigene Meinung bilden.

- Machen Sie auch auf „ungeschriebene Gesetze" aufmerksam, damit der neue Mitarbeiter nicht ungewollt ins Fettnäpfchen tritt.

- Wecken Sie keine falschen Hoffnungen oder Erwartungen, die Sie nicht einhalten können.

Gerade in der Einarbeitungsphase sind Gespräche besonders wichtig. Belassen Sie es daher nicht bei diesem einzigen Einführungsgespräch, sondern nehmen Sie sich in regelmäßigen Abständen erneut Zeit für den neuen Mitarbeiter. So können Sie rechtzeitig eingreifen, bevor etwas aus dem Ruder läuft, und tragen damit insgesamt zu einer erfolgreichen Einarbeitung bei.

Wie Sie die Ergebnisse festhalten können

Bei der Fülle der auf den neuen Mitarbeiter zukommenden Informationen stößt dieser bald an die Grenze seiner Aufnahmefähigkeit. Deshalb empfiehlt es sich, die wesentlichen Aussagen in einer Einführungsschrift zusammenzufassen. Eine solche Schrift erlaubt es dem neuen Mitarbeiter, die einzelnen Punkte nochmals in Ruhe nachzulesen.

Checkliste: Mögliche Inhalte einer Einführungsschrift

- Grußworte (Geschäftsführung, Personalabteilung, Betriebsrat)
- Vorstellung des Unternehmens
- Führungsinstrumente (z. B. Führungsgrundsätze, Führen mit Zeitvereinbarungen, betriebliches Vorschlagswesen)
- Allgemeine Regelungen
  - Arbeits-/Betriebsordnung
  - Regelung der Arbeitszeit
  - Datenschutz
  - Sicherheits- und Unfallverhütungsvorschriften

- Personalentwicklung und Weiterbildung
  - Grundsätze
  - Internes Bildungsprogramm
- Betriebliche Leistungen
  - Lohn- und Gehaltsfindung
  - Sonstige finanzielle Leistungen
  - Prämiensysteme
  - Betriebliche Altersversorgung
  - Andere Sozialleistungen
- Betriebliche Einrichtungen
  - Kantine
  - Parkplätze
  - Betriebskindergarten
  - Freizeiteinrichtungen
- Betriebsrat
- Betriebsarzt
- Telefonregister
- Aktuelle Betriebsvereinbarungen
- Informationen für besondere Zielgruppen (z. B. ausländische Mitarbeiter, Auszubildende, Praktikanten, Trainees)

Stellen Sie sicher, dass sich der neue Mitarbeiter am ersten Tag nicht nur mit der Lektüre von Unternehmensbroschüren oder ausschließlich mit Kopierarbeiten oder Ähnlichem beschäftigen muss. Veranlassen Sie, dass eine erste echte Aufgabe für diesen Tag vorbereitet wird.

Zur besseren Verständigung: Feedbackgespräche

Durch das Feedbackgespräch wird die ständige Kommunikation zwischen dem Vorgesetzten und seinen Mitarbeitern aufrechterhalten. Durch ein regelmäßiges Feedback (Rückmeldung) können Missverständnisse zwischen den Gesprächspartnern weitgehend vermieden werden. Das Feedbackgespräch dient der Besprechung der Arbeitsleistung und der damit verbundenen Erfolge und Fehler.

Typische Inhalte des Feedbackgesprächs sind

- die Ziel- und Arbeitsüberprüfung,
- Lob und Anerkennung sowie
- die Aussprache notwendiger Kritik.

Vorgesetzte tun sich oft schwer, ihren Mitarbeitern das notwendige Feedback zu geben.

Beispiel:

Auf Ihren Mitarbeiter können Sie sich voll verlassen. Er arbeitet sehr sorgfältig und qualifiziert. Aus diesem Grund und weil Sie selbst sehr überlastet sind, möchten Sie ihm kleinere Projekte eigenverantwortlich übertragen. Sie erklären ihm kurz den Sachverhalt und vereinbaren, welche Ziele bis wann erreicht werden sollen. Am vereinbarten Stichtag werden Sie jedoch von Ihrem Mitarbeiter enttäuscht, weil die vereinbarten Ziele nicht einmal ansatzweise erreicht worden sind. Wie reagieren Sie?

Sie ärgern sich, räumen Ihrem Mitarbeiter eine letzte Frist ein und überlegen sich schon, ob er wirklich der geeignete Mitarbeiter für diese Projekte ist.

Das ist keine gute Lösung. Besser wäre es gewesen, Feedback einzuholen. Sie hinterfragen die Angelegenheit und erfahren vielleicht, dass Sie Ihrem Mitarbeiter aufgrund der hektischen Situation viel zu wenig Informationen zu dem Projekt gegeben haben. Dadurch hat er sich nicht imstande gesehen, das vereinbarte Ziel zu erreichen. Und fragen wollte er Sie auch nicht, denn Sie schienen immer in Eile zu sein und waren entsprechend kurz angebunden.

Die Ziel- und Arbeitsüberprüfung

Mit dem Gespräch zur Ziel- und Arbeitsüberprüfung wird die kontinuierliche Kommunikation zwischen dem Vorgesetzten und dem Mitarbeiter über Aufgaben sowie Fortschritte in der Zielerreichung sichergestellt. Durch diese Gespräche fällt einerseits die Unterstützung des Mitarbeiters durch den Vorgesetzten nicht dem Tagesgeschäft „zum Opfer", sondern erfolgt regelmäßig in dem jeweils benötigten Umfang. Auf der anderen Seite nimmt der Vorgesetzte in diesen Gesprächen die nachfolgenden Führungsaufgaben wahr:

- Anleitung und Beratung des Mitarbeiters,
- Feedback und Motivation,
- Steuerung und Kontrolle mit Blick auf die Zielerreichung.

> Planen Sie mit jedem Mitarbeiter feste Termine zur Ziel- und Arbeitsüberprüfung ein. In der Praxis haben sich monatliche Gespräche von jeweils 30–60 Minuten je Mitarbeiter bewährt.

Ein Gespräch zur Ziel- und Arbeitsüberprüfung sollte nicht sämtliche Themen ansprechen, die der Arbeitsalltag mit sich bringt. Wichtige und eilige Dinge werden weiterhin im Rahmen der täglichen Zusammenarbeit besprochen. Themen für das Gespräch zur Ziel- und Arbeitsüberprüfung können etwa Fortschritte in der Projektarbeit oder Probleme bei der Zielerreichung sein. Diese Auslese hat einen wichtigen Nebeneffekt: Der Mitarbeiter wägt ab, was sofort besprochen werden muss und was bis zum nächsten Gesprächstermin warten kann. Dies führt zu einer insgesamt effektiveren Arbeitsweise für Mitarbeiter und Vorgesetzte.

Leitfaden „Ziel- und Arbeitsüberprüfung"

1 Gesprächseröffnung
   - Der Mitarbeiter gibt einen Überblick über die Themen, die er ansprechen möchte.
   - Der Vorgesetzte ergänzt um die Themen, die ihm wichtig erscheinen.
   - Vereinbarung der Gesprächsdauer
2 Jede Aufgabe, jedes Ziel wird einzeln besprochen.
   - Was genau soll erreicht werden und wo steht der Mitarbeiter heute?
   - Geben Sie dem Mitarbeiter die Möglichkeit, seine Ansicht darzulegen und seinen Gefühlen Luft zu machen.
   - Gemeinsam Ursachen für Probleme erforschen und Lösungen suchen
3 Maßnahmen zur Weiterentwicklung des Mitarbeiters einleiten
4 Dokumentation der vereinbarten Maßnahmen
5 Gesprächsabschluss

Unabdingbar: Lob und Anerkennung

Lob und Anerkennung gehören ebenso wie richtig ausgesprochene Kritik zu den täglichen Führungsaufgaben. Die Praxis zeigt jedoch, dass Lob und Anerkennung viel zu selten ausgesprochen werden, weil gute Leistungen zu oft als Selbstverständlichkeit hingenommen werden.

Auch auf Mitarbeiterseite wird Lob zwiespältig betrachtet. Mancher Mitarbeiter hat den Eindruck, der Vorgesetzte benutzt das Lob nur als Vehikel für eine negative Nachricht, z.B. um einen positiven Einstieg in ein Kritikgespräch zu finden oder um zur Übernahme unangenehmer Aufgaben zu motivieren. Lob ist in solchen Situationen nicht ehrlich gemeint und stößt daher auf Ablehnung.

> Lob und Anerkennung müssen ehrlich gemeint und glaubwürdig sein. Nur dann wirken sie positiv und tragen zum Aufbau von Selbstbewusstsein bei.

Checkliste: „Lob und Anerkennung"

- Behandeln Sie alle Mitarbeiter gleich; loben Sie auch gute Leistungen von Mitarbeitern, die Ihnen persönlich nicht so sympathisch sind.

- Loben Sie nicht den Menschen, sondern seine Leistung.

- Loben Sie rechtzeitig, d.h. direkt im Anschluss an die gute Leistung.

- Vermeiden Sie Standardfloskeln; machen Sie deutlich, worin die Leistung bestanden hat.

- Benutzen Sie Lob nicht als Mittel zum Zweck.

- Überprüfen Sie insbesondere bei Teamarbeiten, wer an der guten Leistung beteiligt war und das Lob verdient hat.

- Haben Sie selbst Freude am Loben.

- Loben Sie auch Teilerfolge.

- Maßstab für Lob und Anerkennung sind nicht die anderen Mitarbeiter, sondern die Leistung, die individuell von den Mitarbeitern erwartet wird und zu der sie in der Lage sind.

- Geben Sie Lob von nächsthöheren Vorgesetzten, Kunden oder anderen Personen an Ihre Mitarbeiter direkt weiter.

- Lob und Anerkennung können Sie nur persönlich aussprechen, eine Delegation ist nicht möglich.

Unter vier Augen oder in der Gruppe?

Während Kritik immer nur unter vier Augen erfolgen soll, kann Lob und Anerkennung mit Ausnahme der folgenden Situationen auch vor der Gruppe ausgesprochen werden.

Ein Vier-Augen-Gespräch bei der Anerkennung ist angebracht,

- wenn Sie einen leistungsschwachen Mitarbeiter für eine eigentlich selbstverständliche Leistung loben wollen, um so zu seiner Entwicklung beizutragen;

- wenn eine besonders gute Leistung auch einer besonderen Form des Lobes bedarf;

- wenn Sie eine gute Leistung loben wollen, welche die anderen Mitarbeiter nie erreichen werden.

Schwierig: das Kritikgespräch

Noch schwieriger als die Aussprache von Anerkennung erscheint vielen Vorgesetzten das Kritikgespräch. Dabei müssen Probleme, Fehler und Schwachstellen angesprochen werden. Wer mit Kritik konfrontiert wird, reagiert in den meisten Fällen zunächst mit Ablehnung, Widerwillen und Verteidigung.

Die Chance eines solchen Gesprächs wird häufig verkannt. Es geht schließlich bei der Kritik nicht um ein vorsätzliches und unbegründetes Abkanzeln eines Mitarbeiters, sondern um den richtigen Umgang mit Fehlern oder Fehlverhalten. Ein Vorgesetzter, der aus Harmoniebedürfnis, fehlendem Selbstvertrauen oder mangelnder Konfliktbereitschaft Fehler seiner Mitarbeiter nicht anspricht, handelt verantwortungslos. Er gibt seinen Mitarbeitern keine Möglichkeit, fehlerhaftes Verhalten zu korrigieren.

Ein Kritikgespräch verlangt eine besonders gründliche Vorbereitung. Informieren Sie sich genau über den Kritikanlass, damit es nicht zu unberechtigter Kritik kommt. Fragen Sie sich vorab:

- Was genau hat sich ereignet?
- Welchen Anteil hat der betroffene Mitarbeiter an dieser Situation?
- Haben auch andere Mitarbeiter einen Anteil an dieser Situation und wenn ja, in welchem Umfang?

- Habe ich selbst durch mein Verhalten zu dieser Situation beigetragen?

- Ist eine solche Situation schon öfter vorgekommen und welche Hintergründe hat es damals gegeben?

Regeln zum Kritikgespräch

Die Erfahrung aus vielen Führungsseminaren zeigt, dass das Kritikgespräch den Teilnehmern immer besonders schwer fällt. Damit Sie auch hier nicht in eine unangenehme Situation geraten, sollten Sie auf folgende Regeln achten:

- Kritisieren Sie immer sachlich, taktvoll und unter vier Augen.

- Benennen Sie zu Anfang des Gesprächs den Anlass.

- Beschreiben Sie das Fehlverhalten sachlich; begründen Sie Ihre Kritik stichhaltig und nachvollziehbar.

- Verlassen Sie sich nicht auf Mutmaßungen anderer oder auf Hörensagen; diese können allenfalls Anlass für eigene Nachforschungen oder gezieltes Beobachten sein.

- Kritisieren Sie immer nur das Fehlverhalten, das im Zusammenhang mit der Arbeit steht; kritisieren Sie niemals Verhaltensweisen, die keine Auswirkung auf die Arbeit oder die Person des Mitarbeiters haben.

- Überprüfen Sie, bevor Sie kritisieren. Stellen Sie in unklaren Situationen zunächst fest, was genau sich überhaupt ereignet hat.

- Hören Sie sich unvoreingenommen den Standpunkt des Mitarbeiters an und wägen Sie diesen ab; seien Sie offen und unterstellen Sie nichts.

- Unterstützen Sie seine Einsicht, indem Sie auf Monologe verzichten; erarbeiten Sie gemeinsam die Gründe für das Fehlverhalten und Maßnahmen, wie diese zukünftig vermieden werden können.

- Regen Sie ihn durch gezielte Fragen zu anderen Sichtweisen an.

- Fragen Sie ihn nach Ursachen für das Fehlverhalten.

- Lassen Sie ihn mögliche Konsequenzen, also die Tragweite seines Fehlverhaltens, benennen.

- Fordern Sie den Mitarbeiter auf, eigene Lösungen für künftiges Verhalten und die weitere Vorgehensweise zu entwickeln, um erneute Fehler zu vermeiden.

- Fragen Sie ihn, welche Unterstützung er von Ihnen erwartet.

- Weisen Sie auf die Überprüfung des vereinbarten Verhaltens hin und benennen Sie die Maßstäbe Ihrer Kontrolle.

- Finden Sie deutliche Worte, beziehen Sie Stellung, aber immer in angemessenem Ton.

- Reagieren Sie bei wiederholtem Fehlverhalten mit entsprechenden Konsequenzen.

- Fördern Sie Eigenverantwortung und Selbstkontrolle.

Zusätzlich zu den vorgenannten Inhalten wurde immer wieder nach dem idealen Gesprächsablauf gefragt. Auch hier kann ein Leitfaden lediglich eine grobe Gliederungshilfe sein, die Ihnen noch genügend Spielraum lässt, um im Einzelfall flexibel zu reagieren.

Leitfaden „Kritikgespräch"

1	Positive Gesprächseröffnung
2	Fehlverhalten nennen und Mitarbeiter dazu äußern lassen (kein einseitiges Abkanzeln!)
3	Geduldig zuhören – Verständnis aufbringen
4	Gemeinsam nach den Gründen für das Fehlverhalten suchen
5	Gemeinsam überlegen, was zu tun ist, um die Fehler in Zukunft zu vermeiden
6	Je nach Anlass Auswirkungen auf den Betrieb untersuchen
7	Prüfen, inwieweit der Vorgesetzte oder der Betrieb Hilfe leisten kann
8	Künftiges Verhalten vereinbaren (Mitarbeiter soll sich ausdrücklich zu den angestrebten Verhaltensänderungen äußern)
9	Mitarbeiter Mut zusprechen
10	Auf Kontrolle des künftigen Verhaltens hinweisen
11	Gute Leistungen nicht vergessen
12	Positiver (einvernehmlicher) Schluss

Bei besonders schweren Verfehlungen: das Disziplinargespräch

Das Disziplinargespräch wird bei einer schweren Verfehlung des Mitarbeiters geführt. Es hat zunächst meist die Abmahnung zur Folge. In manchen Fällen führt es sogar zur Kündigung.

Wegen der möglichen rechtlichen Konsequenzen ist das Disziplinargespräch von besonderer Tragweite. Für den Vorgesetzten bedeutet dies:

- Der tatsächliche Sachverhalt einschließlich der vorliegenden Beweise ist exakt zu recherchieren;
- gründliche Vorbereitung auf das Gespräch;
- mit Blick auf die arbeitsrechtlichen Folgen ist eine vorherige Rücksprache sowie die Abstimmung über die weitere Vorgehensweise mit dem nächsthöheren Vorgesetzten und der Personalabteilung unerlässlich;
- Beteiligung des Betriebsrats.

Abweichend von der Regel sollte das Disziplinargespräch nicht unter vier Augen geführt werden. Wichtigster Grund ist die Absicherung durch einen Zeugen. Darüber hinaus steigt für den betroffenen Mitarbeiter die Bedeutung des Gesprächs, wenn ihm mehrere Gesprächspartner gegenübersitzen. Der Vorgesetzte kann während des Gesprächs gegebenenfalls auf die fachliche Unterstützung der anderen Gesprächsteilnehmer zurückgreifen (z. B. Erläuterung der arbeitsrechtlichen Konsequenzen durch den Mitarbeiter der Personalabteilung).

Checkliste: „Disziplinargespräch"

- Begrüßen Sie den Mitarbeiter und stellen Sie die weiteren Gesprächspartner vor, soweit nicht bereits bekannt.
- Seien Sie als Person höflich, aber ernst in der Sache.
- Nennen Sie dem Mitarbeiter den Gesprächsanlass (Erteilung einer Abmahnung, Aussprechen der Kündigung).
- Fragen Sie den Mitarbeiter, ob er ein Betriebsratsmitglied zu dem Gespräch hinzuziehen möchte und veranlassen Sie dieses.
- Beschreiben Sie das Fehlverhalten sachlich und stichhaltig. Begründen Sie die Entscheidung und machen Sie den Ernst der Situation deutlich.
- Geben Sie dem Mitarbeiter Gelegenheit, seine Sichtweise darzustellen. Vermeiden Sie jedoch eine endlose Diskussion oder das wiederholte Austauschen längst genannter Argumente.
- Lassen Sie keinen Zweifel daran: Die Entscheidung ist gefallen und kann nicht mehr revidiert werden.
- Richten Sie den Blickwinkel in die Zukunft, d.h., was kann unternommen werden, damit es nicht noch einmal zu einer solchen Situation kommt (Ausnahme: das Kündigungsgespräch).
- Machen Sie die Konsequenzen deutlich, wenn der Mitarbeiter sein Verhalten in Zukunft nicht nachhaltig ändert.
- Lassen Sie sich zu keinem Zeitpunkt das Gespräch aus der Hand nehmen.
- Stellen Sie sich darauf ein, dass der Mitarbeiter Ihr Mitgefühl ansprechen wird.

Zur Fehlzeitenreduzierung: das Rückkehrgespräch

Fehlzeiten kosten das Unternehmen viel Geld. Deshalb sollte sich jedes Unternehmen mit diesem Thema beschäftigen, um unangemessen hohen Fehlzeiten entgegenzuwirken. Ein wichtiges Instrument dafür ist das Fehlzeiten- oder Rückkehrgespräch.

Wichtigstes Gesprächsziel ist der Abbau von Fehlzeiten und die Reduzierung der damit verbundenen Kosten. Nach einer Erhebung des Instituts der deutschen Wirtschaft setzen 94 % der befragten Betriebe „Gespräche mit auffälligen Mitarbeitern" als Instrument zur Fehlzeitensenkung ein. Damit steht das Rückkehrgespräch an der Spitze aller fehlzeitensenkenden Maßnahmen.

Das Rückkehrgespräch bietet dem Vorgesetzten die Möglichkeit, sich nach dem derzeitigen Befinden des Mitarbeiters zu erkundigen und dabei zu klären, aus welchen Gründen es zur Abwesenheit kam. Bei Abwesenheitsursachen, die in der Person des Mitarbeiters liegen (z. B. Alter, Gesundheit, finanzielle Situation), gilt es zu überlegen, ob und wie der Betrieb Hilfestellung leisten kann und was der Mitarbeiter selbst dazu beitragen kann, um künftig übermäßige Fehlzeiten zu vermeiden.

Der Abbau von Fehlzeiten darf allerdings nicht das einzige Ziel des Rückkehrgesprächs sein. Andernfalls wäre der Einwand mancher Gegner berechtigt, dass es vor allem darum geht, Mitarbeiter zu überreden, trotz gesundheitlicher Probleme zu arbeiten. Über das Ziel Fehlzeitenreduzierung hinaus ist das Rückkehrgespräch auch ein Beitrag zur Förderung der Kommunikation zwischen Vorgesetzten und Mitarbeitern und damit ein Baustein zur Verbesserung des Betriebsklimas. Die Vorgesetzten haben durch das Rückkehrgespräch die Möglichkeit, den Mitarbeitern zu zeigen, dass es sich um geschätzte Mitglieder der Betriebsgemeinschaft handelt, deren Abwesenheit wahrgenommen wurde und über deren Rückkehr man sich freut. Das Gespräch bietet außerdem Gelegenheit, den Rückkehrern bei der Wiederaufnahme der Arbeit behilflich zu sein und sie z. B. über die wichtigsten Geschehnisse während ihrer Abwesenheit zu informieren.

Soweit die Abwesenheit auf betriebliche Ursachen (Arbeitsbedingungen, Art der Tätigkeit, Führungsstil, Arbeitsentgelt usw.) zurückgeht, sollte gemeinsam überprüft werden, wie diese Ursachen beseitigt werden können. Je nach Ursache und Häufigkeit der Abwesenheit kann auch auf die wirtschaftlichen Folgen für das Unternehmen und die Belastungen für die Kollegen hingewiesen werden, um ein entsprechendes Bewusstsein zu schaffen.

Wann und mit wem wird das Rückkehrgespräch geführt?

Rückkehrgespräche werden geführt, wenn Mitarbeiter nach längerer (oder mehrmalig kürzerer) Abwesenheit wieder an ihren Arbeitsplatz zurückkehren. Wenn der Vorgesetzte das Gespräch als Instrument der Mitarbeiterführung und nicht nur als disziplinarische Maßnahme versteht, dann sollte er es grundsätzlich mit jedem Rückkehrer zum frühestmöglichen Zeitpunkt nach dessen Abwesenheit führen.

Ein Gespräch über Fehlzeiten erfordert immer einen Balanceakt. Auf der einen Seite geht es um die Wiedereingliederung des genesenen Mitarbeiters, andererseits ist jedes Fehlzeitengespräch auch ein Stück Ursachenforschung, um insbesondere bei ungerechtfertigten Fehlzeiten das Unternehmen vor wirtschaftlichem Schaden zu bewahren. Nur wenn die Gesprächsführenden wissen, welche Ziele verfolgt werden können, wie ein Gespräch aufgebaut werden kann, wie es zu eröffnen ist oder wie die Mitarbeiter durch Fragen in das Gespräch eingebunden werden können, werden sie sich sicher fühlen und einseitige Monologe (Strafpredigten) werden verhindert. Der Zweck des Rückkehrgesprächs wäre verfehlt, wenn es lediglich als Instrument zur Disziplinierung der Mitarbeiter verstanden würde oder dieser Eindruck durch falsche Gesprächsführung entstehen könnte.

Leitfaden „Rückkehrgespräch"

1 Wählen Sie einen positiven Gesprächseinstieg und informieren Sie den Mitarbeiter über den Anlass des Gesprächs.

2 Informieren Sie den Mitarbeiter über wichtige Dinge, die während seiner Abwesenheit geschehen sind, und erleichtern Sie ihm so den Wiedereinstieg.

3 Erkundigen Sie sich nach seinem derzeitigen Befinden.

4 Erfragen Sie, ob die Abwesenheit mit der Arbeits-situation des Mitarbeiters zusammenhängt; berücksichtigen Sie dabei

- die Länge und Häufigkeit der Abwesenheit,
- Art und Schwere der Arbeit/Arbeitsbedingungen,
- Führungsstil/Betriebs- oder Gruppenklima,
- Entgelt und Sozialleistungen,
- Aufstiegs- und Weiterbildungsmöglichkeiten.

5 Erfragen Sie, ob die Abwesenheit mit außerbetrieblichen Gründen zusammenhängt.

6 Verdeutlichen Sie je nach Dauer und Häufigkeit der Abwesenheit

- die wirtschaftlichen Konsequenzen für das Unternehmen,
- die Auswirkungen auf die Kollegen.

7 Erarbeiten Sie gemeinsam mit dem Mitarbeiter Lösungen, um Fehlzeiten zukünftig zu reduzieren bzw. ganz zu vermeiden. Berücksichtigen Sie dabei,

- was das Unternehmen tun kann,
- was der Mitarbeiter selbst tun will.

8   Bieten Sie, soweit möglich, Hilfestellung an (Betriebsrat, Betriebsarzt, Stundenreduzierung, Wechsel des Arbeitsplatzes, ...).

9   Beziehen Sie deutlich Stellung, aber vermitteln Sie dem Mitarbeiter gleichzeitig das Gefühl, dass er als Mensch geschätzt und im Unternehmen gebraucht wird.

Nach der Kündigung: das Abgangsgespräch

Abgangsgespräche werden mit Mitarbeitern geführt, die das Unternehmen verlassen. Abgangsgespräche liefern wertvolle Informationen über die Mitarbeiterführung und das Betriebsklima, deren Berücksichtigung zu einer Minderung der künftigen Fluktuationsrate beitragen kann.

Unterschiedliche Ziele

In der Fluktuationsanalyse werden verschiedene Ursachenkategorien unterschieden, warum es zum Ausscheiden eines Mitarbeiters gekommen ist. Je nach Ursachengruppe können mit dem Abgangsgespräch (Austrittsgespräch) unterschiedliche Ziele verfolgt werden:

- Wenn die Kündigung auf den Arbeitgeber zurückgeht (z.B. wegen unbefriedigender Arbeitsleistung des Mitarbeiters), kann durch ein geschickt geführtes Abgangsgespräch zumindest in Erfahrung gebracht werden, ob es durch Versäumnisse des Unternehmens zu Fehlleistungen des Mitarbeiters gekommen ist.

- Wenn die Kündigung vom ausscheidenden Mitarbeiter ausgegangen ist und auf betriebliche Ursachen zurückgeht, sollte das Abgangsgespräch immer geführt werden, um die „wahren" Fluktuationsursachen zu erfahren. Nicht immer werden bei der formalen Kündigung die wirklichen Gründe für das Ausscheiden genannt. Wenn es sich um Versäumnisse des Unternehmens handelt, bietet das Abgangsgespräch die letzte Möglichkeit, den Mitarbeiter evtl. nochmals umzustimmen.

- Wenn die Kündigung eines Mitarbeiters mit Ereignissen im persönlichen Bereich (Gesundheit, Familie usw.) begründet wird, kann im Abgangsgespräch geprüft werden, ob nicht zusätzlich andere (betriebliche) Gründe vorlagen.

- Wenn Mitarbeiter wegen Invalidität ausscheiden oder weil sie die Altersgrenze erreicht haben, dann steht in der Regel der soziale Aspekt im Vordergrund. Dem Mitarbeiter wird zum Abschied noch einmal verdeutlicht, dass er im Unternehmen gebraucht wurde und dass er eine Lücke hinterlässt.

Grundsätzlich sollte mit allen ausscheidenden Mitarbeitern ein Abgangsgespräch geführt werden. Manche Unternehmen führen Gespräche allerdings nur mit den Mitarbeitern, die von sich aus gekündigt haben. Der wichtigste Informationsbereich ist sicherlich die Einschätzung der Arbeitsbedingungen, des Betriebsklimas oder des Führungsverhaltens durch die Mitarbeiter. Diese haben die Möglichkeit, ihre Meinung frei zu äußern, ohne mit späteren Repressalien rechnen zu müssen. Aber auch das Bemühen um einen letzten positiven Eindruck von dem Unternehmen sowie die Regelung der praktischen Abwicklung des Ausscheidens sind wichtige Gesprächsanliegen. Schließlich kann auch in Fällen, bei denen die Kündigung durch das Unternehmen erfolgt ist, durch das Abgangsgespräch dafür gesorgt werden, weiteren Schaden für den Betrieb zu vermeiden.

Wer führt das Abgangsgespräch?

Das Abgangsgespräch wird entweder vom unmittelbaren Vorgesetzten oder von einer darauf spezialisierten Person aus dem Personalbereich geführt. Der unmittelbare Vorgesetzte kennt zwar die ausscheidenden Mitarbeiter besser, aber es besteht auch die Gefahr, dass das Gesprächsklima wegen früherer Probleme vorbelastet ist. Die Personalabteilung ist dagegen vom Austritt des Mitarbeiters nicht unmittelbar betroffen, sodass deren Vertreter vom Mitarbeiter eher als neutrale Instanz akzeptiert wird, womit die Chance für ein offenes Gespräch steigt. Auch der Vergleich zwischen den verschiedenen Betriebsbereichen wird nur möglich sein, wenn das Gespräch nach einheitlichen Vorgaben von derselben Stelle geführt wird.

Das Abgangsgespräch ist kein einfaches Gespräch. Der Mitarbeiter soll dazu gebracht werden, Meinungen und Eindrücke über seine bisherige Tätigkeit und sein Arbeitsumfeld auszusprechen, ohne dass durch die Art der Gesprächsführung eine Färbung der Antworten bewirkt wird.

Leitfaden „Abgangsgespräch"

1 Positive Eröffnung – Aufbau einer harmonischen Gesprächsatmosphäre.

2 Zusicherung der Vertraulichkeit des Gesprächs.

3 Hinweis, dass das Zeugnis durch dieses Gespräch nicht beeinflusst wird.

4 Ermunterung an den Gesprächspartner, alles auszusprechen.

5 Soweit notwendig, (wirkliche) Gründe für die Kündigung erfragen.

6 Inwieweit wurden die Erwartungen des Mitarbeiters an die eigene Stelle erfüllt?

7 Fragen nach dem Betriebsklima, Arbeitsbedingungen usw.

8 Wie wird der Führungsstil des unmittelbaren Vorgesetzten eingeschätzt?

9 Wie wurden die Möglichkeiten zur Weiterbildung beurteilt?

10 Konnten die eigenen Vorstellungen zum beruflichen Weiterkommen erfüllt werden?

11 Fragen zum Arbeitsentgelt und den Sozialleistungen.

12 Falls die Kündigung vom Mitarbeiter ausging: Wie hätte sie verhindert werden können?

13 Welche positiven Eindrücke werden mit dem Unternehmen verbunden?

14 Fragen nach neuer Position bzw. neuem Arbeitgeber.

15 Je nach Situation: Versuch, den Mitarbeiter noch einmal umzustimmen.

16 Weitere Abwicklung des Ausscheidens.

17 Gute Wünsche für die Zukunft.

Zu den Spielregeln eines Austrittsgesprächs gehört, dass die Mitarbeiter informiert werden, wie ihre Informationen weiterverwendet werden. Es muss sichergestellt sein, dass die Aussagen vertraulich behandelt werden und dass das Gespräch keine nachteiligen Auswirkungen auf das Zeugnis hat.

Zur Weitergabe von Wissen: das Unterweisungsgespräch

Die Unterweisung seiner Mitarbeiter gehört zu den Daueraufgaben eines Vorgesetzten. Jede Weitergabe vorhandener Fertigkeiten und Kenntnisse an die Mitarbeiter ist praktisch eine kleine Unterweisung. Je eindeutiger die Unterweisung in neue Aufgaben vorgenommen wird, desto weniger ist mit Fehlern und Doppelarbeit zu rechnen.

Besonders bewährt hat sich die zielgerichtete, an pädagogischen Prinzipien orientierte Vier-Stufen-Methode. Sie wird auch bei der Unterweisung von Auszubildenden regelmäßig eingesetzt. In der folgenden Übersicht ist die idealtypische Vorgehensweise dargestellt. Das jeweils dreimalige Vorführen und Nachmachen in den Stufen 2 und 3 kann bei einfachen Unterweisungsvorgängen entsprechend reduziert werden.

Leitfaden „Unterweisungsgespräch"

1. Stufe: Vorbereitung

- Bereiten Sie sich selbst und die Arbeit vor.
  - Zergliedern Sie den Arbeitsvorgang.
  - Bereiten Sie den Arbeitsplatz für die Unterweisung vor.
  - Nehmen Sie sich ausreichend Zeit.
- Bereiten Sie den Mitarbeiter vor.
  - Nehmen Sie ihm die Befangenheit und vermitteln Sie ihm Sicherheit.
  - Stellen Sie fest, was er schon kann.
  - Wecken Sie Interesse für die Aufgabe.

2. Stufe: Erklären und vormachen

- Vermitteln Sie dem Mitarbeiter einen Gesamtüberblick über die Aufgabe, indem Sie diese in geraffter Form vormachen und erklären.
- Machen Sie die Aufgabe ein zweites Mal ausführlich vor:
  - Geben Sie ausführliche Erklärungen.
  - Verwenden Sie die notwendigen Fachbegriffe.
  - Begründen Sie Ihre Vorgehensweisen.
  - Weisen Sie auf mögliche Probleme hin.
  - Regen Sie den Mitarbeiter zu Fragen an.
- Bei schwierigen Aufgaben: nochmals vormachen und Kernpunkte wiederholen.

3. Stufe: Nachmachen lassen

- Lassen Sie den Unterwiesenen die Aufgabe ausführen:
  - Wenig Kommentar.
  - Verbessern Sie (zunächst) nur grobe Fehler.

- Lassen Sie den Unterwiesenen die Aufgabe ein zweites Mal ausführen:
  - Verlangen Sie detaillierte Erklärungen und Begründungen.
  - Prüfen Sie das Verständnis der einzelnen Arbeitsschritte.
  - Verbessern Sie Fehler.
  - Lassen Sie Fachausdrücke verwenden.
- Falls erforderlich, weitere Wiederholung:
  - Lassen Sie nur noch Kernpunkte herausstellen.

4. Stufe: Abschluss

- Lassen Sie den Mitarbeiter selbstständig üben.
  - Erteilen Sie einen Probeauftrag.
- Benennen Sie eine Kontaktperson, die helfen kann.
  - Kollegialitätsempfinden fördern.
  - Sicherheitsgefühl erhöhen.
- Beobachten Sie die Übungsfortschritte und erkennen Sie die Erfolge an.

Die mehrfache Wiederholung kostet zwar Zeit, aber sie führt zu einem sicheren und fehlerfreien Arbeiten. Darüber hinaus sind zahlreiche weitere Vorteile zu nennen:

- Neue Fertigkeiten und Kenntnisse werden auf anschauliche Weise und unter realistischen Bedingungen vermittelt; dadurch entfällt das Transferproblem.
- Es handelt sich um eine aktive Lernmethode, bei welcher der Lernende auch das „Wie" und „Warum" der einzelnen Tätigkeiten erfährt.
- Die Methode knüpft an vorhandene Fähigkeiten an.

- Die einzelnen Lernschritte bleiben überschaubar und ermöglichen ein individuelles Lerntempo.

- Der Mitarbeiter muss den neuen Arbeitsgang nicht lange und vergeblich selbst probieren, denn er erlernt sofort die richtige Vorgehensweise.

- Durch die Teilnahme an der Erfahrung des Lehrenden stellen sich rasch erste Erfolge ein, die Sicherheit sowie Motivation zum Weiterlernen vermitteln.

- Die Unterweisung mittels dieser Vier-Stufen-Methode stellt sicher, dass Lernen nicht dem Zufall überlassen bleibt, sondern systematisch durchgeführt wird.

In der Gruppe: die Mitarbeiterbesprechung

Bei der Mitarbeiterbesprechung geht es um das Gespräch mit einer Gruppe von Mitarbeitern. Besprechungsgegenstand können die gegenseitige Information, der Erfahrungsaustausch oder das gemeinsame Lösen von Problemen, aber auch das Ausräumen von Meinungsverschiedenheiten oder die Schlichtung von Konflikten sein. Wie das Mitarbeitergespräch kann auch die Mitarbeiterbesprechung aus aktuellem Anlass erforderlich werden oder in festem Turnus stattfinden.

Die Vorteile

Eine erfolgreiche Mitarbeiterbesprechung nützt Mitarbeitern und Vorgesetzen gleichermaßen:

- Die Erfahrung und das Fachwissen einer ganzen Gruppe können gleichzeitig genutzt werden.

- Bei der Entscheidungsfindung werden unterschiedliche Meinungen berücksichtigt.

- Bei Meinungsverschiedenheiten kann rechtzeitig nach einem Kompromiss gesucht werden.

- Das Verständnis für den anderen wird verbessert (z. B. ist es für den Vorgesetzten wichtig, rechtzeitig die Meinung seiner Mitarbeiter zu erfahren).

- Durch den Synergieeffekt kommt es im Team zu besseren und manchmal auch originelleren Lösungen.

- Voreilige Entschlüsse werden verhindert.

- Der Hauptvorteil: Wenn die Mitarbeiter an der Entscheidungsfindung beteiligt sind, sind sie auch bereit, an deren Verwirklichung mitzuwirken.

Woran scheitern Besprechungen?

Diese Vorteile bedeuten nicht zwangsläufig, dass jede Mitarbeiterbesprechung ein Erfolg wird. Nicht selten verlaufen Besprechungen höchst unbefriedigend. Dies liegt zumeist an folgenden Ursachen:

- mangelhafte Vorbereitung,

- zu viele oder falsch ausgewählte Teilnehmer,

- übertriebene Profilierungsbestrebungen einzelner Teilnehmer,

- falsch gewählter Besprechungszeitpunkt oder

- ein unqualifizierter Besprechungsleiter.

Außerdem zeigt die Erfahrung, dass viele Besprechungen überhaupt nicht erforderlich sind. Die Arbeitskapazität mehrerer Mitarbeiter wird in der Besprechung gebunden, aber die aufgewandte Zeit und Energie stehen oft in keinem befriedigenden Verhältnis zu den erreichten Ergebnissen.

Prüfen Sie daher zunächst die Notwendigkeit einer Mitarbeiterbesprechung. Können die anstehenden Fragen nicht auch in einem Zweiergespräch gelöst werden oder sind manche Fragen nicht überhaupt schon gelöst? Alibibesprechungen sind kein Mittel, um die Mitarbeiter zu motivieren. Diese spüren schnell, ob sie wirkliche Probleme zu lösen und Entscheidungen zu treffen haben oder nur für eine Statistenrolle ausgewählt wurden.

Checkliste: Ist die Mitarbeiterbesprechung notwendig?

	Ja	Nein
Eignet sich das Problem für die Behandlung in der Gruppe?	☐	☐
Kann die Entscheidung nicht durch den Vorgesetzten oder einzelne Mitarbeiter getroffen werden?	☐	☐
Reicht zur Lösung des Problems nicht ein Zweiergespräch?	☐	☐
Ist die Fragestellung nicht schon gelöst (z.B. durch eine Grundsatzentscheidung)?	☐	☐

Ist die Gruppe für die Fragestellung überhaupt zuständig?	☐	☐
Was kostet die Besprechung?	☐	☐
Besteht die Gefahr, dass das Problem durch die Mitarbeiterbesprechung eher verschleppt oder zusätzlich kompliziert wird?	☐	☐
Was geschieht, wenn keine Besprechung stattfindet?		

Ohne gute Vorbereitung kein Erfolg

Wenn Sie zu dem Ergebnis kommen, dass eine Mitarbeiterbesprechung erforderlich ist, dann hängt es weitgehend von Ihnen als dem Vorgesetzten ab, die Weichen durch eine gute Vorbereitung und eine zügige und faire Gesprächsleitung auf Erfolg zu stellen.

Vorbereitung einer Mitarbeiterbesprechung

- Personelle Vorüberlegungen
  - Wer aus dem Team (der Abteilung) muss eingeladen werden?
  - Sind abteilungsexterne Teilnehmer zu berücksichtigen?
  - Ist der Teilnehmerkreis einigermaßen homogen?
  - Welche Kenntnisse bringen die Teilnehmer mit?
  - Was können die Teilnehmer zur Lösung des Problems beitragen?
  - Müssen alle Teilnehmer zu allen Besprechungspunkten anwesend sein?

- Thematische Vorbereitung
  - Sind die Themen eindeutig formuliert?
  - Gibt es klare Besprechungsziele?
  - Lassen sich die Themen in begrenzter Zeit behandeln?
  - Welche alternativen Meinungen (Argumente) werden voraussichtlich vertreten?
  - Welche zusätzlichen Probleme können zur Sprache kommen?
- Organisatorische Vorbereitung
  - Störungsfreier Besprechungsort
  - Zeitpunkt, Dauer
  - Unterlagen für die Teilnehmer
  - Bewirtung
  - Benötigte Hilfsmittel (Blöcke, Schreibzeug, Flipcharts, Pinnwände, Projektor usw.)

Zur organisatorischen Vorbereitung gehört auch eine rechtzeitig verschickte und aussagekräftige Einladung der Teilnehmer unter Bekanntgabe der Tagesordnung. Achten Sie darauf, dass die einzelnen Tagesordnungspunkte so formuliert werden, dass die Teilnehmer das jeweilige Problem erkennen können.

Beispiel:

Die Formulierung „Arbeitszeitregelung" oder sogar nur „Arbeitszeit" lässt viele Auslegungen zu, während „Beschluss über die Einführung der neuen Arbeitszeitregelung ab ..." deutlich sagt, worum es geht.

Auch der Tagesordnungspunkt „Vertrieb" ist vieldeutig, während mit „Maßnahmen zur Umsatzsteigerung im Auslandsvertrieb" den Teilnehmern ein klarer Hinweis gegeben wird.

Inhalte einer Tagesordnung

- Wo findet die Besprechung statt?
- Termin und voraussichtliche Dauer
- Berücksichtigen Sie jedes Einzelthema als eigenen Tagesordnungspunkt.
- Verstecken Sie die „heißen Eisen" nicht im Punkt „Verschiedenes".
- Aussagekräftige Formulierung jedes Tagesordnungspunkts. Welche Unterlagen sind mitzubringen?
- Wer nimmt noch an der Besprechung teil?

Wie Sie die Mitarbeiterbesprechung durchführen

Die Verantwortung für den Besprechungsablauf liegt beim Vorgesetzten. Er hat eine geordnete Abwicklung sicherzustellen und dafür zu sorgen, dass die Besprechungsziele erreicht werden. Er steuert die Diskussion, vermittelt Denkanstöße, unterbricht Vielredner und fasst – zwischendurch und am Schluss – die Ergebnisse zusammen.

> Dem Besprechungsleiter muss es gelingen, den Kontakt zu und unter den Teilnehmern herzustellen, ihre Aufmerksamkeit für die verschiedenen Themen zu gewinnen und damit die Bereitschaft zur Mitarbeit sicherzustellen.

Sorgen Sie dafür, dass auch die stilleren Mitarbeiter zu Wort kommen. Manche sind zu bequem oder zu ängstlich, um sich zu melden; sie verlassen dann die Mitarbeiterbesprechung unzufrieden und mit dem Hinweis, überhaupt nicht zu Wort gekommen zu sein. In solchen Fällen hilft das „Statement". Zwingen Sie im Verlauf der Diskussion solche Mitarbeiter zu einer Stellungnahme, indem Sie in einer Rundumfrage jeden Teilnehmer um ein kurzes Statement zu dieser Fragestellung bitten. Selbst wenn sich manche nur kurz äußern oder sich der Meinung eines Vorredners anschließen, ist dies besser, als wenn sie ohne jeden Wortbeitrag die Besprechung verlassen.

Checkliste: Durchführung einer Mitarbeiterbesprechung

- Pünktlicher Beginn
  - Auf verspätete Teilnehmer wird nicht gewartet.
  - Nachzügler brauchen über den bisherigen Verlauf nicht informiert zu werden.
  - Begrüßung
  - Die Anrede muss dem Teilnehmerkreis entsprechen.
  - Auch bei Routinebesprechungen nicht auf die Begrüßung verzichten.
  - Gäste besonders begrüßen.
  - Noch nicht bekannte Teilnehmer vorstellen (Gäste, neue Mitarbeiter).
- Allgemeine Einführungsinformationen (Regularien, Entschuldigungen usw.).
- Darlegung der Themen (Tagesordnungspunkte)
  - Besprechungsziel formulieren
  - Teilnehmer zur Mitarbeit motivieren
  - weiteren Ablauf vorschlagen/vereinbaren

- – Zeitrahmen für den jeweiligen Besprechungspunkt bekannt geben
- – gegebenenfalls klären, wer Protokoll führt
- Behandlung weiterer Themen wie vorher
- Alle Teilnehmer zur Mitarbeit anregen
  - – Eröffnungsfragen vorbereiten
  - – grundsätzlich alle Teilnehmer ansprechen
  - – auf Teilnehmer eingehen
  - – Beiträge ernst nehmen
  - – aktiv zuhören
  - – mit Einwendungen korrekt umgehen
- Alle zu Wort kommen lassen
- Von Zeit zu Zeit Zwischenergebnisse zusammenfassen
- Beschlüsse herbeiführen
- Gesamtergebnis feststellen
- Gemeinsamkeiten betonen
- Ergebnisse sichern (Protokoll, Aktennotiz)
- Folgerungen ziehen (Aufgabenverteilung; Ausführungsregelungen)
- Dank an die Mitarbeiter für ihr Kommen
- Verabschiedung

Es gibt ein gutes Mittel, um notorische Zu-spät-Kommer zu erziehen. Geben Sie regelmäßig am Beginn der Besprechung (noch vor Eintritt in die Tagesordnung) ein paar interessante Informationen bekannt, die auch für die noch fehlenden Teilnehmer wichtig sind. Das bei den Betroffenen entstehende Informationsdefizit veranlasst sie, künftig pünktlich zu erscheinen.

Sichern Sie die Umsetzung der Ergebnisse

Um sicherzustellen, dass die auf der Mitarbeiterbesprechung erzielten Ergebnisse auch umgesetzt werden, empfiehlt es sich, diese in einem Kurzprotokoll in Form eines Maßnahmenplans festzuhalten. Eine Kopie wird entweder jedem Teilnehmer sofort mitgegeben oder unmittelbar nach der Besprechung zugestellt.

Kurzprotokoll/Maßnahmenplan

Besprechung vom:	Teilnehmer:				
TOP	Beschluss/ Aktion/ Ergebnis	Wer	Mit wem	Termin	Kontrolle

Impressum

Bibliografische Information der Deutschen Nationalbibliothek

Die Deutsche Nationalbibliothek verzeichnet diese Publikation in der Deutschen Natio-
nalbibliografie; detaillierte bibliografische Daten sind im Internet über
http://www.d-nb.de abrufbar.

Print: ISBN: 978-3-648-02890-2 Bestell-Nr.: 01321-0001
ePub: ISBN: 978-3-648-02891-9 Bestell-Nr.: 01321-0100
ePDF: ISBN: 978-3-648-02892-6 Bestell-Nr.: 01321-0150

Anja von Kanitz, Prof. Dr. Wolfgang Mentzel
Gesprächsführung
1. Auflage 2012

© 2012, Haufe-Lexware GmbH & Co. KG, Munzinger Straße 9, 79111 Freiburg
Redaktionsanschrift: Fraunhoferstraße 5, 82152 Planegg/München
Telefon: (089) 895 17-0
Telefax: (089) 895 17-290
Internet: www.haufe.de
E-Mail: online@haufe.de
Redaktion: Jürgen Fischer

Lektorat: Sylvia Rein, Kathrin Buck, Dr. Ilonka Kunow, Jutta Cram
Satz: Beltz Bad Langensalza GmbH, 99947 Bad Langensalza
Umschlag: Kienle gestaltet, Stuttgart
Druck: CPI – Ebner & Spiegel, Ulm

Autoren

Anja von Kanitz

ist selbstständige Trainerin, Beraterin und Coach mit den Schwerpunkten Rhetorik, Kommunikation und Moderation, u.a. für die Haufe Akademie. Sie ist Lehrbeauftragte an der Universität Marburg und verfügt über langjährige Praxis in der Personalentwicklung von Unternehmen, Institutionen und Verwaltungen.

Haufe Akademie, Anja von Kanitz,
Lörracher Str. 9, 79115 Freiburg, Tel. 0761 898-4422,
Fax 0761 898-4423, service@haufe-akademie.de.

Von Anja von Kanitz stammt der erste Teil dieses Buches.

Dr. Wolfgang Mentzel

Seit 1972 Professor für Betriebswirtschaftlehre an der Fachhochschule Koblenz. Lehraufträge an mehreren anderen Hochschulen. Schwerpunkte der Lehrtätigkeit: Personal- und Bildungswesen, Management, Rhetorik. Regelmäßige Seminare für Führungskräfte zu Personal- und Kommunikationsthemen. Autor zahlreicher Fachpublikationen. Bei der Haufe-Mediengruppe erschienen sind u.a. der Taschenguide „Rhetorik" und der Taschenguide „BWL Grundwissen".

Von Dr. Wolfgang Mentzel stammt der zweite Teil dieses Buches.

Weitere Literatur

„Gesprächstechniken für Führungskräfte. Methoden und Übungen zur erfolgreichen Kommunikation", von Anke von der Heyde und Boris von der Linde, 243 Seiten, EUR 24,95, ISBN 978-3-448-09518-0, Bestell-Nr. 00742

„Machtspiele. Die Kunst, sich durchzusetzen", von Matthias Nöllke, 232 Seiten, EUR 19,80, ISBN 978-3-448-08053-7, Bestell-Nr. 00088

„Manipulationstechniken. So wehren Sie sich", von Andreas Edmüller und Thomas Wilhelm, 349 Seiten, EUR 14,95, ISBN 978-3-648-02637-3, Bestell-Nr. 00261

„Schlagfertigkeit", von Matthias Nöllke, 229 Seiten, EUR 19,80, ISBN 978-3-448-09589-0, Bestell-Nr. 00797

„Small Talk. Nie wieder sprachlos", von Stephan Lermer und Ilonka Kunow, 232 Seiten, EUR 19,80, ISBN 978-3-648-02344-0, Bestell-Nr. 00803

„Coaching – Ziele entwickeln, Selbstvertrauen stärken, Erfolge kontrollieren", von Rainer Niermeyer, 175 Seiten, EUR 24,95, ISBN 978-3-448-07501-4, Bestell-Nr. 00589

„Das erste Mal Chef", von Ralph Frenzel, 182 Seiten mit CD-ROM, EUR 18,95, ISBN 978-3-648-01272-7, Bestell-Nr. 00610

„Praxishandbuch Mitarbeiterführung. Führungstechniken konkret dargestellt", von Michael Lorenz und Uta Rohrschneider, 275 Seiten, mit CD-ROM, EUR 34,80, ISBN 978-3-648-00334-3, Bestell-Nr. 04050